2021

京津冀
科技统计年鉴

河北省科学技术情报研究院
天津市科学技术发展战略研究院 编著

科学技术文献出版社
SCIENTIFIC AND TECHNICAL DOCUMENTATION PRESS
·北京·

图书在版编目（CIP）数据

2021京津冀科技统计年鉴 / 河北省科学技术情报研究院，天津市科学技术发展战略研究院编著. —北京：科学技术文献出版社，2022. 8
ISBN 978-7-5189-8884-6

Ⅰ. ① 2… Ⅱ. ①河… ②天… Ⅲ. ①科技统计—华北地区—2021—年鉴
Ⅳ. ① G322.72-66

中国版本图书馆 CIP 数据核字（2022）第 120686 号

2021京津冀科技统计年鉴

策划编辑：郝迎聪　责任编辑：巨娟梅　张瑶瑶　责任校对：王瑞瑞　责任出版：张志平

出 版 者　科学技术文献出版社
地　　址　北京市复兴路15号　邮编 100038
编 务 部　（010）58882938，58882087（传真）
发 行 部　（010）58882868，58882870（传真）
邮 购 部　（010）58882873
官方网址　www.stdp.com.cn
发 行 者　科学技术文献出版社发行　全国各地新华书店经销
印 刷 者　北京虎彩文化传播有限公司
版　　次　2022 年 8 月第 1 版　2022 年 8 月第 1 次印刷
开　　本　889 × 1194　1/16
字　　数　226千
印　　张　10.5
书　　号　ISBN 978-7-5189-8884-6
定　　价　36.00元

《2021 京津冀科技统计年鉴》
编辑委员会

编者说明

一、《2021京津冀科技统计年鉴》在河北省科学技术厅和天津市科学技术局的指导下，由河北省科学技术情报研究院提供经费，在河北省科学技术情报研究院和北京市科学技术研究院的支持下，由天津市科学技术发展战略研究院编辑制作完成。年鉴主要反映了京津冀的科技活动情况，收录了2015—2020年三地相关科技统计数据。

二、年鉴正文分为16个部分。第一部分为京津冀科技活动综合统计资料，数据来源于《中国统计年鉴》、《中国科技统计年鉴》和三地相关统计资料；第二至第五部分分别为财政、科学研究和技术服务业事业单位、工业企业及高等学校科技活动统计资料，数据来源于《中国统计年鉴》、《中国科技统计年鉴》、全国科学研究和技术服务业科技活动单位统计调查及全国地方财政科学技术支出统计调查等相关统计资料；第六部分为高技术产业统计资料，数据来源于《中国高技术产业统计年鉴》；第七部分为企业创新统计资料，数据来源于《全国企业创新调查年鉴》；第八部分为创新产出统计资料，数据来源于《中国科技统计年鉴》；第九至第十四部分分别为国家高新技术产业开发区、科技企业孵化器、国家级高新技术企业、国家大学科技园、火炬特色产业基地、创新型产业集群统计资料，数据来源于《中国科技统计年鉴》和《中国火炬统计年鉴》；第十五部分为科学技术普及统计资料，数据来源于《中国科普统计》；第十六部分为主要统计指标解释。附录收录三地各类科技创新机构清单。

三、本年鉴中部分数据合计数或相对数由于计量单位取舍不同而产生的计算误差，均未做机械调整。

四、有关符号说明："#"表示是其中的主要项；"①"等表示本表下有注解；"空格"表示该项统计指标数据不详或无该项数据。

目　录

第一部分　综　合 …… 1
表 1–1　京津冀主要社会、经济指标情况（2020 年） …… 3
表 1–2　京津冀全省（市）财政收支情况（2020 年） …… 4
表 1–3　京津冀省（市）本级财政收支情况（2020 年） …… 4
表 1–4　京津冀研究与试验发展（R&D）情况（2015—2020 年） …… 5
表 1–5　京津冀研究与试验发展（R&D）人员全时当量（2020 年） …… 6
表 1–6　京津冀研究与试验发展（R&D）经费内部支出按活动类型分布（2020 年） …… 6
表 1–7　京津冀研究与试验发展（R&D）经费内部支出按支出用途分布（2020 年） …… 6
表 1–8　京津冀研究与试验发展（R&D）经费内部支出按资金来源分布（2020 年） …… 7
表 1–9　京津冀专利情况（2015—2020 年） …… 7
表 1–10　京津冀技术市场技术合同成交情况（2015—2020 年） …… 8

第二部分　财　政 …… 9
表 2–1　京津冀一般公共预算收入（2020 年） …… 11
表 2–2　京津冀一般公共预算支出（2020 年） …… 12
表 2–3　京津冀全省（市）财政科技支出情况（2015—2020 年） …… 13
表 2–4　京津冀省（市）本级财政科技支出情况（2015—2020 年） …… 14
表 2–5　京津冀全省（市）财政科技支出按用途分布（2020 年） …… 15
表 2–6　京津冀省（市）本级财政科技支出按用途分布（2020 年） …… 15
表 2–7　北京市各区财政科技支出及占财政一般公共预算支出的比重（2020 年） …… 16
表 2–8　天津市各区财政科技支出及占财政一般公共预算支出的比重（2020 年） …… 17
表 2–9　河北省各地市财政科技支出及占财政一般公共预算支出的比重（2020 年） …… 18

第三部分　科学研究和技术服务业事业单位 …… 19
（一）全部科学研究和技术服务业事业单位 …… 21
表 3–1　京津冀科学研究和技术服务业事业单位基本情况（2018—2020 年） …… 21
表 3–2　京津冀科学研究和技术服务业事业单位 R&D 人员情况（2020 年） …… 22
表 3–3　京津冀科学研究和技术服务业事业单位 R&D 人员全时当量按活动类型分布（2020 年） …… 23
表 3–4　京津冀科学研究和技术服务业事业单位 R&D 经费内部支出按活动类型分布（2020 年） …… 23
表 3–5　京津冀科学研究和技术服务业事业单位 R&D 经费内部支出按支出用途分布（2020 年） …… 23
表 3–6　京津冀科学研究和技术服务业事业单位 R&D 经费内部支出按资金来源分布（2020 年） …… 24
表 3–7　京津冀科学研究和技术服务业事业单位 R&D 经费外部支出情况（2020 年） …… 24
表 3–8　京津冀科学研究和技术服务业事业单位 R&D 课题情况（2020 年） …… 24
表 3–9　京津冀科学研究和技术服务业事业单位科技产出情况（2020 年） …… 25
（二）地方部门属科学研究和技术服务业事业单位 …… 25
表 3–10　京津冀地方部门属科学研究和技术服务业事业单位基本情况（2018—2020 年） …… 25
表 3–11　京津冀地方部门属科学研究和技术服务业事业单位 R&D 人员情况（2020 年） …… 27
表 3–12　京津冀地方部门属科学研究和技术服务业事业单位 R&D 人员全时当量按活动类型分布（2020 年） …… 27
表 3–13　京津冀地方部门属科学研究和技术服务业事业单位 R&D 经费内部支出按活动类型分布（2020 年） …… 27
表 3–14　京津冀地方部门属科学研究和技术服务业事业单位 R&D 经费内部支出按支出用途分布（2020 年） …… 28
表 3–15　京津冀地方部门属科学研究和技术服务业事业单位 R&D 经费内部支出按资金来源分布（2020 年） …… 28
表 3–16　京津冀地方部门属科学研究和技术服务业事业单位科技产出情况（2020 年） …… 28

第四部分　工业企业 …… 29
表 4–1　京津冀规模以上工业企业基本情况（2015—2020 年） …… 31

表 4-2 京津冀规模以上工业企业生产经营情况（2020 年）…… 32
表 4-3 京津冀规模以上工业企业 R&D 人员情况（2020 年）…… 33
表 4-4 京津冀规模以上工业企业 R&D 经费内部支出情况（2020 年）…… 33
表 4-5 京津冀规模以上工业企业 R&D 经费外部支出情况（2020 年）…… 34
表 4-6 京津冀规模以上工业企业办研发机构情况（2020 年）…… 34
表 4-7 京津冀规模以上工业企业新产品开发和销售情况（2020 年）…… 34
表 4-8 京津冀规模以上工业企业专利情况（2020 年）…… 35
表 4-9 京津冀规模以上工业企业技术获取和技术改造情况（2020 年）…… 35

第五部分 高等学校 …… 37
表 5-1 京津冀高等学校基本情况（2015—2020 年）…… 39
表 5-2 京津冀高等学校 R&D 人员情况（2020 年）…… 40
表 5-3 京津冀高等学校 R&D 经费内部支出按活动类型分布（2020 年）…… 41
表 5-4 京津冀高等学校 R&D 经费内部支出按支出用途分布（2020 年）…… 41
表 5-5 京津冀高等学校 R&D 经费内部支出按资金来源分布（2020 年）…… 41
表 5-6 京津冀高等学校 R&D 课题情况（2020 年）…… 42
表 5-7 京津冀高等学校科技产出情况（2020 年）…… 42

第六部分 高技术产业 …… 43
表 6-1 京津冀高技术产业基本情况（2015—2020 年）…… 45
表 6-2 京津冀高技术产业 R&D 相关情况（2020 年）…… 47
表 6-3 京津冀高技术产业新产品开发和销售情况（2020 年）…… 47
表 6-4 京津冀高技术产业 R&D 经费情况（2020 年）…… 47
表 6-5 京津冀高技术产业专利情况（2020 年）…… 48
表 6-6 京津冀高技术产业技术获取和技术改造情况（2020 年）…… 48
表 6-7 京津冀高技术产业企业办研发机构情况（2020 年）…… 48
表 6-8 京津冀高技术产业投资增长情况（2020 年）…… 49

第七部分 企业创新 …… 51
表 7-1 规模（限额）以上企业创新活动总体情况（2020 年）…… 53

表 7-2　规模以上工业企业创新活动总体情况（2020 年）…………53
表 7-3　资质等级以上建筑业企业创新活动总体情况（2020 年）…………54
表 7-4　规模（限额）以上服务业企业创新活动总体情况（2020 年）…………55
表 7-5　规模以上高技术产业（制造业）创新活动总体情况（2020 年）…………55
表 7-6　规模（限额）以上企业产品或工艺创新分布情况（2020 年）…………56
表 7-7　规模以上工业企业产品或工艺创新分布情况（2020 年）…………57
表 7-8　资质等级以上建筑业企业产品或工艺创新分布情况（2020 年）…………57
表 7-9　规模（限额）以上服务业企业产品或工艺创新分布情况（2020 年）…………58
表 7-10　规模以上高技术产业（制造业）产品或工艺创新分布情况（2020 年）…………58
表 7-11　规模（限额）以上企业产品创新开发情况（2020 年）…………59
表 7-12　规模以上工业企业产品创新开发情况（2020 年）…………59
表 7-13　资质等级以上建筑业企业产品创新开发情况（2020 年）…………60
表 7-14　规模（限额）以上服务业企业产品创新开发情况（2020 年）…………60
表 7-15　规模以上高技术产业（制造业）产品创新开发情况（2020 年）…………61
表 7-16　规模（限额）以上企业工艺创新开发情况（2020 年）…………61
表 7-17　规模以上工业企业工艺创新开发情况（2020 年）…………62
表 7-18　资质等级以上建筑业企业工艺创新开发情况（2020 年）…………62
表 7-19　规模（限额）以上服务业企业工艺创新开发情况（2020 年）…………63
表 7-20　规模以上高技术产业（制造业）工艺创新开发情况（2020 年）…………63
表 7-21　规模（限额）以上企业新产品情况（2020 年）…………64
表 7-22　规模以上工业企业新产品情况（2020 年）…………64
表 7-23　资质等级以上建筑业企业新产品情况（2020 年）…………65
表 7-24　规模（限额）以上服务业企业新产品情况（2020 年）…………65
表 7-25　规模以上高技术产业（制造业）新产品情况（2020 年）…………66
表 7-26　资质等级以上建筑业企业工艺创新新颖度类别情况（2020 年）…………66
表 7-27　规模（限额）以上企业产品或工艺创新活动类型（2020 年）…………67
表 7-28　规模以上工业企业产品或工艺创新活动类型（2020 年）…………67
表 7-29　资质等级以上建筑业企业产品或工艺创新活动类型（2020 年）…………68
表 7-30　规模（限额）以上服务业企业产品或工艺创新活动类型（2020 年）…………68
表 7-31　规模以上高技术产业（制造业）产品或工艺创新活动类型（2020 年）…………69

表 7-32 规模以上工业企业创新费用支出情况（2020 年）…… 69
表 7-33 规模以上高技术产业（制造业）创新费用支出情况（2020 年）…… 70
表 7-34 规模（限额）以上企业产品或工艺创新信息来源情况（2020 年）…… 70
表 7-35 规模以上工业企业产品或工艺创新信息来源情况（2020 年）…… 71
表 7-36 规模（限额）以上企业产品或工艺创新合作开展情况（2020 年）…… 72
表 7-37 规模以上工业企业产品或工艺创新合作开展情况（2020 年）…… 72
表 7-38 规模（限额）以上企业产品或工艺创新合作伙伴情况（2020 年）…… 73
表 7-39 规模以上工业企业产品或工艺创新合作伙伴情况（2020 年）…… 73
表 7-40 规模（限额）以上企业产学研合作形式（2020 年）…… 74
表 7-41 规模以上工业企业产学研合作形式（2020 年）…… 74
表 7-42 规模（限额）以上企业产品或工艺创新活动阻碍因素情况（2020 年）…… 75
表 7-43 规模以上工业企业产品或工艺创新活动阻碍因素情况（2020 年）…… 75
表 7-44 规模（限额）以上企业知识产权及相关情况（2020 年）…… 76
表 7-45 规模以上工业企业知识产权及相关情况（2020 年）…… 77
表 7-46 规模（限额）以上企业组织或营销创新情况（2020 年）…… 78
表 7-47 规模以上工业企业组织或营销创新情况（2020 年）…… 78
表 7-48 资质等级以上建筑业企业组织或营销创新情况（2020 年）…… 79
表 7-49 规模（限额）以上服务业企业组织或营销创新情况（2020 年）…… 79
表 7-50 规模以上高技术产业（制造业）组织或营销创新情况（2020 年）…… 80

第八部分 创新产出 …… 81
表 8-1 京津冀国内发明专利申请受理数按地区分布（2015—2020 年）…… 83
表 8-2 京津冀国内实用新型专利申请受理数按地区分布（2015—2020 年）…… 83
表 8-3 京津冀国内外观设计专利申请受理数按地区分布（2015—2020 年）…… 83
表 8-4 京津冀国内发明专利申请授权数按地区分布（2015—2020 年）…… 84
表 8-5 京津冀国内实用新型专利申请授权数按地区分布（2015—2020 年）…… 84
表 8-6 京津冀国内外观设计专利申请授权数按地区分布（2015—2020 年）…… 84
表 8-7 京津冀国内有效发明专利数按地区分布（2015—2020 年）…… 85
表 8-8 京津冀国内有效实用新型专利数按地区分布（2015—2020 年）…… 85
表 8-9 京津冀国内有效外观设计专利数按地区分布（2015—2020 年）…… 85

表 8-10　京津冀国防专利情况（2015—2020 年）…………………………………………………………86
表 8-11　京津冀商标注册申请与注册情况（2020 年）………………………………………………………87
表 8-12　京津冀技术市场技术开发合同按地域分布情况（合同数）（2015—2020 年）…………87
表 8-13　京津冀技术市场技术转让合同按地域分布情况（合同数）（2015—2020 年）…………87
表 8-14　京津冀技术市场技术咨询合同按地域分布情况（合同数）（2015—2020 年）…………88
表 8-15　京津冀技术市场技术服务合同按地域分布情况（合同数）（2015—2020 年）…………88
表 8-16　京津冀技术市场技术开发合同按地域分布情况（合同金额）（2015—2020 年）………88
表 8-17　京津冀技术市场技术转让合同按地域分布情况（合同金额）（2015—2020 年）………89
表 8-18　京津冀技术市场技术咨询合同按地域分布情况（合同金额）（2015—2020 年）………89
表 8-19　京津冀技术市场技术服务合同按地域分布情况（合同金额）（2015—2020 年）………89
表 8-20　京津冀国外技术引进合同情况（2020 年）…………………………………………………………90

第九部分　国家高新技术产业开发区 ……………………………………………………………………91
表 9-1　京津冀国家高新区基本情况（2015—2020 年）……………………………………………………93
表 9-2　京津冀国家高新区企业数量及主要经济指标（2020 年）…………………………………………94
表 9-3　京津冀国家高新区企业收入情况（2020 年）………………………………………………………95
表 9-4　京津冀国家高新区企业人员情况（2020 年）………………………………………………………95
表 9-5　京津冀国家高新区企业 R&D 活动与科技活动情况（2020 年）…………………………………95

第十部分　科技企业孵化器 ……………………………………………………………………………97
表 10-1　京津冀科技企业孵化器基本情况（2016—2020 年）………………………………………………99
表 10-2　京津冀科技企业孵化器孵化企业情况（2020 年）…………………………………………………100
表 10-3　京津冀科技企业孵化器孵化场地情况（2020 年）…………………………………………………101
表 10-4　京津冀科技企业孵化器当年在孵企业情况（2020 年）……………………………………………101
表 10-5　京津冀国家级科技企业孵化器基本情况（2020 年）………………………………………………101
表 10-6　京津冀国家级科技企业孵化器孵化企业情况（2020 年）…………………………………………102
表 10-7　京津冀国家级科技企业孵化器孵化场地情况（2020 年）…………………………………………102
表 10-8　京津冀国家级科技企业孵化器当年在孵企业情况（2020 年）……………………………………102

第十一部分 国家级高新技术企业 ······ 103

表 11-1 京津冀国家高新技术企业基本情况（2015—2020 年）······105

表 11-2 京津冀国家高新技术企业主要经济指标（2020 年）······106

表 11-3 京津冀国家高新技术企业人员情况（2020 年）······106

表 11-4 京津冀国家高新技术企业 R&D 活动与科研活动情况（2020 年）······107

第十二部分 国家大学科技园 ······ 109

表 12-1 京津冀国家大学科技园基本情况（2015—2020 年）······111

表 12-2 京津冀国家大学科技园人员情况（2020 年）······112

表 12-3 京津冀国家大学科技园孵化场地情况（2020 年）······113

表 12-4 京津冀国家大学科技园在孵企业情况（2020 年）······113

表 12-5 京津冀国家大学科技园毕业企业情况（2020 年）······113

第十三部分 火炬特色产业基地 ······ 115

表 13-1 京津冀火炬计划特色产业基地基本情况（2015—2020 年）······117

表 13-2 京津冀火炬计划特色产业基地经济指标（2020 年）······117

表 13-3 京津冀火炬计划特色产业基地人员情况（2020 年）······118

第十四部分 创新型产业集群 ······ 119

表 14-1 京津冀创新型产业集群基本情况（2018—2020 年）······121

表 14-2 京津冀创新型产业集群企业数量和从业人员情况（2020 年）······122

表 14-3 京津冀创新型产业集群主要经济指标（2020 年）······122

表 14-4 京津冀创新型产业集群主要科技活动成果（2020 年）······122

表 14-5 京津冀创新型产业集群主要服务机构（2020 年）······123

第十五部分 科学技术普及 ······ 125

表 15-1 京津冀科学技术普及基本情况（2015—2020 年）······127

表 15-2 京津冀科普专职人员情况（2020 年）······128

表 15-3 京津冀科普兼职人员情况（2020 年）······129

表 15-4 京津冀科普场地情况（2020 年）······129

表 15-5 京津冀科普经费情况（2020 年）……130
表 15-6 京津冀科普传媒情况（2020 年）……130
表 15-7 京津冀科普活动情况（2020 年）……131
表 15-8 京津冀创新创业中科普情况（2020 年）……131

第十六部分 主要统计指标解释 ……133

附 录……141

2021/京津冀科技统计年鉴

第一部分

综　合

表 1-1 京津冀主要社会、经济指标情况（2020 年）

项目	全国	京津冀合计	北京	天津	河北	京津冀占比（%）
常住人口（万人）[①]	**141 212**	**11 040**	2189	1387	7464	**7.8**
地区生产总值（亿元）	**1 015 986.2**	**86 303.2**	36 012.6	14 083.7	36 206.9	**8.5**
第一产业	**77 754.1**	**4197.9**	107.6	210.2	3880.1	**5.4**
第二产业	**384 255.3**	**24 117.7**	5716.4	4804.1	13 597.2	**6.3**
# 工业增加值	**313 071.1**	**19 950.5**	4216.5	4188.1	11 545.9	**6.4**
第三产业	**553 976.8**	**58 077.6**	30 278.6	9069.5	18 729.5	**10.5**
人均生产总值（元 / 人）	**72 000**		164 889	101 614	48 564	
农、林、牧、渔业总产值（亿元）	**137 782.2**	**7482.3**	263.4	476.4	6742.5	**5.4**
一般公共预算收入（亿元）	**100 143.2**	**11 233.5**	5483.9	1923.1	3826.5	**11.2**
一般公共预算支出（亿元）	**210 583.5**	**19 290.3**	7116.2	3151.4	9022.8	**9.2**
固定资产投资比上年增长情况（%）	**2.9**		2.2	3.0	3.2	
沿海港口货物吞吐量（亿吨）	**94.8**	**7.0**	0	5.0	2.0	**7.4**
邮电业务总量（亿元）	**157 816.5**	**12 332.4**	3727.9	1779.1	6825.4	**7.8**
社会消费品零售总额（亿元）	**391 980.6**	**30 004.3**	13 716.4	3582.9	12 705.0	**7.7**
实际使用外资金额（亿美元）	**1443.7**	**298.7**	141.0	47.4	110.3	**20.7**
货物进出口总额（亿美元）	**46 559.1**	**5072.7**	3364.8	1063.2	644.7	**10.9**
# 出口	**25 899.5**	**1479.5**	671.5	443.5	364.5	**5.7**
城镇非私营单位从业人员工资总额（亿元）	**164 126.9**	**20 461.9**	13 187.6	2928.8	4345.5	**12.5**
城镇非私营单位从业人员平均工资（元）	**93 739**		178 178	114 682	77 323	

注：①全国数据为年度人口抽样调查推算数据，京津冀数据为常住人口口径。

表 1-2　京津冀全省（市）财政收支情况（2020 年）

地区	地方财政科技支出合计（亿元）	# 中央对地方科技专项转移支付	地方财政支出（亿元）	科技支出占财政支出的比重（%）	地方财政收入（亿元）
全国	**5801.9**	**49.3**	**210 583.5**	**2.8**	**100 143.2**
京津冀合计	**630.9**	**5.8**	**19 290.3**	**3.3**	**11 233.5**
北京	411.0	5.8	7116.2	5.8	5483.9
天津	118.2	0	3151.4	3.7	1923.1
河北	101.8	0	9022.8	1.1	3826.5
京津冀占比（%）	**10.9**	**11.7**	**9.2**		**11.2**

表 1-3　京津冀省（市）本级财政收支情况（2020 年）

地区	地方财政科技支出合计（亿元）	# 中央对地方科技专项转移支付	地方财政支出（亿元）	科技支出占财政支出的比重（%）	地方财政收入（亿元）
全国	**1214.1**	**44.9**	**33 790.8**	**3.6**	**19 365.1**
京津冀合计	**386.8**	**5.8**	**4973.8**	**7.8**	**4475.2**
北京	331.8	5.8	2794.5	11.9	3024.7
天津	26.9	0	1101.9	2.4	788.8
河北	28.2	0	1077.4	2.6	661.7
京津冀占比（%）	**31.9**	**12.8**	**14.7**		**23.1**

表 1-4 京津冀研究与试验发展（R&D）情况（2015—2020 年）

项目	2015 年	2016 年	2017 年	2018 年	2019 年	2020 年
R&D 人员（人）						
全国	**5 482 528**	**5 830 741**	**6 213 627**	**6 571 372**	**7 129 256**	**7 552 986**
京津冀合计	**692 452**	**726 162**	**748 602**	**726 671**	**791 217**	**805 768**
北京	350 721	373 406	397 281	397 034	464 178	473 304
天津	177 725	177 165	165 638	160 683	143 888	136 341
河北	164 006	175 591	185 683	168 954	183 151	196 123
京津冀占比（%）	**12.6**	**12.5**	**12.0**	**11.1**	**11.1**	**10.7**
R&D 人员全时当量（人年）						
全国	**3 758 848**	**3 878 057**	**4 033 597**	**4 381 444**	**4 800 768**	**5 234 508**
京津冀合计	**477 024**	**484 104**	**486 113**	**470 103**	**518 287**	**551 978**
北京	245 728	253 337	269 835	267 338	313 986	336 280
天津	124 321	119 384	103 087	99 490	92 502	90 640
河北	106 975	111 384	113 191	103 275	111 799	125 058
京津冀占比（%）	**12.7**	**12.5**	**12.1**	**10.7**	**10.8**	**10.5**
R&D 经费内部支出（亿元）						
全国	**14 169.9**	**15 676.8**	**17 606.1**	**19 677.9**	**22 143.6**	**24 393.1**
京津冀合计	**2245.1**	**2405.3**	**2490.4**	**2862.9**	**3263.3**	**3446.0**
北京	1384.0	1484.6	1579.7	1870.8	2233.6	2326.6
天津	510.2	537.3	458.7	492.4	463.0	485.0
河北	350.9	383.4	452.0	499.7	566.7	634.4
京津冀占比（%）	**15.8**	**15.3**	**14.1**	**14.5**	**14.7**	**14.1**
R&D 经费投入占 GDP 比重（%）						
全国	**2.06**	**2.11**	**2.15**	**2.14**	**2.23**	**2.40**
京津冀合计	**3.24**	**3.18**	**3.09**	**3.36**	**3.86**	**3.99**
北京	6.01	5.96	5.64	6.17	6.31	6.44
天津	3.08	3.00	2.47	2.62	3.28	3.44
河北	1.18	1.20	1.26	1.39	1.61	1.75

表 1-5　京津冀研究与试验发展（R&D）人员全时当量（2020 年）

单位：人年

地区	R&D 人员全时当量	# 研究人员	基础研究	应用研究	试验发展
全国	**5 234 508**	**2 281 134**	**426 772**	**643 130**	**4 164 620**
京津冀合计	**551 978**	**329 696**	**92 571**	**127 945**	**331 464**
北京	336 280	226 005	75 082	95 186	166 014
天津	90 640	48 371	9196	13 676	67 768
河北	125 058	55 320	8293	19 083	97 682
京津冀占比（%）	**10.5**	**14.5**	**21.7**	**19.9**	**8.0**

表 1-6　京津冀研究与试验发展（R&D）经费内部支出按活动类型分布（2020 年）

单位：亿元

地区	R&D 经费内部支出	基础研究	应用研究	试验发展
全国	**24 393.1**	**1467.0**	**2757.2**	**20 168.9**
京津冀合计	**3446.0**	**423.0**	**679.8**	**2343.2**
北京	2326.6	373.1	571.1	1382.4
天津	485.0	34.4	52.5	398.1
河北	634.4	15.6	56.2	562.6
京津冀占比（%）	**14.1**	**28.8**	**24.7**	**11.6**

表 1-7　京津冀研究与试验发展（R&D）经费内部支出按支出用途分布（2020 年）

单位：亿元

地区	R&D 经费内部支出	日常性支出	# 人员劳务费	资产性支出	# 仪器和设备
全国	**24 393.1**	**21 967.9**	**8248.8**	**2425.3**	**2033.7**
京津冀合计	**3446.0**	**3056.1**	**1183.8**	**389.9**	**324.0**
北京	2326.6	2038.9	896.2	287.7	236.0
天津	485.0	434.3	142.7	50.7	39.9
河北	634.4	582.8	144.9	51.6	48.1
京津冀占比（%）	**14.1**	**13.9**	**14.4**	**16.1**	**15.9**

表 1-8 京津冀研究与试验发展（R&D）经费内部支出按资金来源分布（2020 年）

单位：亿元

地区	R&D 经费内部支出	政府资金	企业资金	国外资金	其他资金
全国	**24 393.1**	**4825.6**	**18 895.0**	**90.1**	**582.5**
京津冀合计	**3446.0**	**1236.3**	**2010.8**	**23.5**	**175.4**
北京	2326.6	1084.3	1074.2	21.7	146.3
天津	485.0	80.4	383.1	1.7	19.8
河北	634.4	71.6	553.5	0.1	9.3
京津冀占比（%）	**14.1**	**25.6**	**10.6**	**26.0**	**30.1**

表 1-9 京津冀专利情况（2015—2020 年）

单位：件

项目	2015 年	2016 年	2017 年	2018 年	2019 年	2020 年
专利申请受理数						
全国	**2 639 446**	**3 305 225**	**3 536 333**	**4 146 772**	**4 195 104**	**5 016 030**
京津冀合计	**280 335**	**350 481**	**334 212**	**394 035**	**423 432**	**491 287**
北京	156 312	189 129	185 928	211 212	226 113	254 165
天津	79 963	106 514	86 996	99 038	96 045	111 514
河北	44 060	54 838	61 288	83 785	101 274	125 608
京津冀占比（%）	**10.6**	**10.6**	**9.5**	**9.5**	**10.1**	**9.8**
专利申请授权数						
全国	**1 596 977**	**1 628 881**	**1 720 828**	**2 335 411**	**2 474 406**	**3 520 901**
京津冀合计	**161 503**	**172 138**	**183 971**	**230 070**	**247 324**	**330 454**
北京	94 031	100 578	106 948	123 496	131 716	162 824
天津	37 342	39 734	41 675	54 680	57 799	75 434
河北	30 130	31 826	35 348	51 894	57 809	92 196
京津冀占比（%）	**10.1**	**10.6**	**10.7**	**9.9**	**10.0**	**9.4**
国内有效专利数						
全国	**4 792 356**	**5 527 183**	**6 324 215**	**7 517 791**	**8 812 070**	**11 236 868**
京津冀合计	**535 051**	**647 599**	**767 938**	**898 769**	**1 047 376**	**1 279 655**
北京	344 916	417 666	494 941	569 929	653 053	768 090
天津	103 775	124 443	144 706	168 876	198 946	245 540
河北	86 360	105 490	128 291	159 964	195 377	266 025
京津冀占比（%）	**11.2**	**11.7**	**12.1**	**12.0**	**11.9**	**11.4**

表 1-10　京津冀技术市场技术合同成交情况（2015—2020 年）

项目	2015 年	2016 年	2017 年	2018 年	2019 年	2020 年
技术输出地域合同数（项）						
全国	**307 132**	**320 437**	**367 586**	**411 985**	**484 077**	**549 353**
京津冀合计	**88 060**	**91 763**	**97 876**	**99 940**	**104 318**	**101 604**
北京	72 306	74 983	81 311	82 486	83 171	84 451
天津	12 456	12 934	12 168	11 214	13 885	9685
河北	3298	3846	4397	6240	7262	7468
京津冀占比（%）	**28.7**	**28.6**	**26.6**	**24.3**	**21.5**	**18.5**
技术输出地域合同金额（亿元）						
全国	**9835.8**	**11 407.0**	**13 424.2**	**17 697.4**	**22 398.4**	**28 251.5**
京津冀合计	**3996.9**	**4552.6**	**5127.3**	**5919.4**	**6985.7**	**7960.7**
北京	3453.9	3941.0	4486.9	4957.8	5695.3	6316.2
天津	503.4	552.6	551.4	685.6	909.3	1089.6
河北	39.5	59.0	88.9	276.0	381.2	555.0
京津冀占比（%）	**40.6**	**39.9**	**38.2**	**33.4**	**31.2**	**28.2**
技术流向地域合同数（项）						
全国	**307 132**	**320 437**	**367 586**	**411 985**	**484 077**	**549 353**
京津冀合计	**65 568**	**72 048**	**74 261**	**81 094**	**87 738**	**86 084**
北京	50 140	55 480	55 944	61 213	65 137	65 548
天津	9439	9612	10 208	9309	11 277	8466
河北	5989	6956	8109	10 572	11 324	12 070
京津冀占比（%）	**21.3**	**22.5**	**20.2**	**19.7**	**18.1**	**15.7**
技术流向地域合同金额（亿元）						
全国	**9835.8**	**11 407.0**	**13 424.2**	**17 697.4**	**22 398.4**	**28 251.5**
京津冀合计	**1623.5**	**2326.7**	**2612.0**	**3090.4**	**4268.9**	**4452.2**
北京	1147.5	1753.2	1887.5	2247.2	3223.8	3128.6
天津	330.7	389.2	421.2	347.6	461.5	617.0
河北	145.3	184.3	303.2	495.6	583.6	706.7
京津冀占比（%）	**16.5**	**20.4**	**19.5**	**17.5**	**19.1**	**15.8**

2021/京津冀科技统计年鉴

第二部分

财　政

表 2-1 京津冀一般公共预算收入（2020 年）

单位：亿元

项目	全国	京津冀合计	北京	天津	河北	京津冀占比（%）
地方一般公共预算收入	**100 143.2**	**11 233.5**	5483.9	1923.1	3826.5	**11.2**
税收收入	**74 668.1**	**8671.3**	4643.9	1500.1	2527.3	**11.6**
国内增值税	**28 438.1**	**3219.7**	1653.1	650.3	916.3	**11.3**
企业所得税	**13 168.3**	**1848.6**	1182.5	310.6	355.5	**14.0**
个人所得税	**4627.3**	**783.0**	611.9	103.4	67.7	**16.9**
资源税	**1706.5**	**94.3**	29.6	11.6	53.1	**5.5**
城市维护建设税	**4443.1**	**456.3**	222.1	101.6	132.6	**10.3**
房产税	**2841.8**	**460.3**	308.5	72.5	79.3	**16.2**
印花税	**1313.8**	**165.4**	80.6	33.0	51.8	**12.6**
城镇土地使用税	**2058.2**	**178.6**	18.5	14.2	145.9	**8.7**
土地增值税	**6468.5**	**619.6**	259.3	90.6	269.7	**9.6**
车船税	**945.4**	**102.6**	34.2	14.0	54.4	**10.9**
耕地占用税	**1257.6**	**125.1**	2.9	2.4	119.8	**9.9**
契税	**7061.0**	**580.0**	231.2	93.0	255.8	**8.2**
烟叶税	**108.7**	**0.2**	0	0	0.2	**0.2**
环境保护税	**207.1**	**37.0**	9.4	3.1	24.5	**17.9**
其他税收收入	**22.8**	**1.0**	0.1	0.1	0.8	**4.4**
非税收入	**25 475.1**	**2562.2**	840.0	423.0	1299.2	**10.1**
专项收入	**6927.1**	**826.9**	335.8	119.0	372.1	**11.9**
行政事业性收费收入	**3419.4**	**218.8**	48.6	27.2	143.0	**6.4**
罚没收入	**2969.1**	**286.0**	56.8	76.2	153.0	**9.6**
国有资本经营收入	**966.1**	**120.6**	68.5	12.3	39.8	**12.5**
国有资源（资产）有偿收入	**8651.9**	**747.2**	173.8	109.5	463.9	**8.6**
其他收入	**2541.5**	**362.5**	156.4	78.7	127.4	**14.3**

表 2-2　京津冀一般公共预算支出（2020 年）

单位：亿元

项目	全国	京津冀合计	北京	天津	河北	京津冀占比（%）
地方一般公共预算支出	**210 583.5**	**19 290.4**	7116.2	3151.4	9022.8	**9.2**
一般公共服务支出	**18 325.9**	**1532.6**	527.1	220.7	784.8	**8.4**
外交支出	**1.4**					
国防支出	**238.9**	**24.5**	8.9	1.3	14.3	**10.3**
公共安全支出	**12 027.0**	**1140.8**	506.0	206.3	428.5	**9.5**
教育支出	**34 686.3**	**3177.5**	1138.3	442.9	1596.3	**9.2**
科学技术支出	**5801.9**	**631.0**	411.0	118.2	101.8	**10.9**
文化旅游体育与传媒支出	**3995.3**	**422.8**	225.1	34.0	163.7	**10.6**
社会保障和就业支出	**31 448.5**	**2987.5**	1055.9	518.9	1412.7	**9.5**
卫生健康支出	**18 873.4**	**1598.4**	605.6	175.5	817.3	**8.5**
节能环保支出	**5989.1**	**806.9**	236.9	60.7	509.3	**13.5**
城乡社区支出	**19 868.7**	**2274.0**	872.9	543.7	857.4	**11.4**
农林水支出	**23 445.1**	**1640.8**	497.3	154.8	988.7	**7.0**
交通运输支出	**11 032.0**	**941.9**	328.0	103.9	510.0	**8.5**
资源勘探工业信息等支出	**5758.0**	**548.3**	167.2	285.6	95.5	**9.5**
商业服务业等支出	**1521.8**	**121.8**	37.1	59.3	25.4	**8.0**
金融支出	**638.3**	**31.4**	16.6	9.4	5.4	**4.9**
援助其他地区支出	**448.6**	**98.4**	53.3	35.9	9.2	**21.9**
自然资源海洋气象等支出	**2071.8**	**205.4**	30.6	16.6	158.2	**9.9**
住房保障支出	**6499.5**	**380.8**	145.6	67.5	167.7	**5.9**
粮油物资储备支出	**892.7**	**56.7**	13.1	10.6	33.0	**6.4**
债务付息支出	**4273.7**	**313.2**	73.1	51.2	188.9	**7.3**
债务发行费用支出	**24.8**	**2.1**	0.4	0.4	1.3	**8.5**
其他支出	**2720.8**	**354.0**	166.2	34.1	153.7	**13.0**

表 2-3　京津冀全省（市）财政科技支出情况（2015—2020 年）

项目	2015 年	2016 年	2017 年	2018 年	2019 年	2020 年
一般公共预算支出（亿元）						
全国	**150 335.6**	**160 351.4**	**173 228.3**	**188 196.3**	**203 743.2**	**210 583.5**
京津冀合计	**14 602.2**	**16 155.7**	**16 746.3**	**18 300.8**	**19 272.9**	**19 290.4**
北京	5737.7	6406.8	6824.5	7471.4	7408.2	7116.2
天津	3232.4	3699.4	3282.5	3103.2	3555.7	3151.4
河北	5632.2	6049.5	6639.2	7726.2	8309.0	9022.8
京津冀占比（%）	**9.7**	**10.1**	**9.7**	**9.7**	**9.5**	**9.2**
财政科技支出（亿元）						
全国	**3384.2**	**3877.9**	**4440.0**	**5206.4**	**5954.6**	**5801.9**
京津冀合计	**454.1**	**484.1**	**546.8**	**609.6**	**634.0**	**631.0**
北京	287.8	285.8	361.8	425.9	433.4	411.0
天津	120.8	125.2	116.0	106.7	109.9	118.2
河北	45.5	73.2	69.1	77.0	90.7	101.8
京津冀占比（%）	**13.4**	**12.5**	**12.3**	**11.7**	**10.6**	**10.9**
财政科技支出占一般公共预算支出的比重（%）						
全国	**2.3**	**2.4**	**2.6**	**2.8**	**2.9**	**2.8**
京津冀合计	**3.1**	**3.0**	**3.3**	**3.3**	**3.3**	**3.3**
北京	5.0	4.5	5.3	5.7	5.9	5.8
天津	3.7	3.4	3.5	3.4	3.1	3.8
河北	0.8	1.2	1.0	1.0	1.1	1.1

表 2-4　京津冀省（市）本级财政科技支出情况（2015—2020 年）

项目	2015 年	2016 年	2017 年	2018 年	2019 年	2020 年
一般公共预算支出（亿元）						
全国	**26 483.5**	**26 592.4**	**28 710.1**	**30 946.9**	**32 414.9**	**33 790.8**
京津冀合计	**4125.6**	**4763.1**	**5090.7**	**5130.8**	**5250.9**	**4973.8**
北京	2199.9	2697.0	2862.2	3051.4	2924.4	2794.5
天津	1171.1	1239.4	1192.3	1095.9	1297.3	1101.9
河北	754.6	826.7	1036.2	983.5	1029.3	1077.4
京津冀占比（%）	**15.6**	**17.9**	**17.7**	**16.6**	**16.2**	**14.7**
财政科技支出（亿元）						
全国	**913.6**	**929.5**	**1075.0**	**1179.9**	**1202.0**	**1214.1**
京津冀合计	**308.8**	**309.7**	**358.4**	**399.8**	**375.5**	**386.8**
北京	243.4	244.1	299.3	338.9	328.4	331.8
天津	53.6	45.2	40.9	41.4	19.2	26.9
河北	11.8	20.5	18.2	19.4	27.9	28.2
京津冀占比（%）	**33.8**	**33.3**	**33.3**	**33.9**	**31.2**	**31.9**
财政科技支出占一般公共预算支出的比重（%）						
全国	**3.5**	**3.5**	**3.7**	**3.8**	**3.7**	**3.6**
京津冀合计	**7.5**	**6.5**	**7.0**	**7.8**	**7.2**	**7.8**
北京	11.1	9.1	10.5	11.1	11.2	11.9
天津	4.6	3.7	3.4	3.8	1.5	2.4
河北	1.6	2.5	1.8	2.0	2.7	2.6

表 2-5 京津冀全省（市）财政科技支出按用途分布（2020 年）

单位：万元

项目	全国	京津冀合计	北京	天津	河北	京津冀占比（%）
地方财政科技支出合计	**58 018 629**	**6 308 970**	4 109 628	1 181 712	1 017 630	**10.9**
科学技术管理事务	**2 874 930**	**299 676**	144 861	36 026	118 789	**10.4**
基础研究	**2 551 936**	**239 950**	196 765	5400	37 785	**9.4**
应用研究	**3 307 788**	**705 638**	581 132	38 999	85 507	**21.3**
技术研究与开发	**17 980 388**	**1 136 375**	142 018	594 231	400 126	**6.3**
科技条件与服务	**3 389 604**	**144 094**	88 659	6162	49 273	**4.3**
社会科学	**524 548**	**72 445**	50 358	7811	14 276	**13.8**
科学技术普及	**1 489 675**	**116 525**	70 271	10 098	36 156	**7.8**
科技交流与合作	**298 379**	**43 527**	5209	23 806	14 512	**14.6**
科技重大项目	**2 719 751**	**144 043**	93 009	21 154	29 880	**5.3**
其他科学技术支出	**22 881 630**	**3 406 697**	2 737 346	438 025	231 326	**14.9**
中央对地方科技专项转移支付	**492 699**	**57 502**	57 502	0	0	**11.7**

表 2-6 京津冀省（市）本级财政科技支出按用途分布（2020 年）

单位：万元

项目	全国	京津冀合计	北京	天津	河北	京津冀占比（%）
地方财政科技支出合计	**12 141 019**	**3 868 014**	3 317 715	268 556	281 743	**31.9**
科学技术管理事务	**250 153**	**72 960**	32 570	7341	33 049	**29.2**
基础研究	**1 221 825**	**217 847**	192 137	5336	20 374	**17.8**
应用研究	**2 150 036**	**613 205**	531 187	35 124	46 894	**28.5**
技术研究与开发	**2 437 763**	**345 216**	78 054	162 157	105 005	**14.2**
科技条件与服务	**641 868**	**63 948**	57 624	2111	4213	**10.0**
社会科学	**336 698**	**53 342**	34 058	7811	11 473	**15.8**
科学技术普及	**408 808**	**67 671**	54 275	5977	7419	**16.6**
科技交流与合作	**91 285**	**32 679**	5009	23 109	4561	**35.8**
科技重大项目	**1 106 217**	**113 256**	92 509	747	20 000	**10.2**
其他科学技术支出	**3 496 366**	**2 287 890**	2 240 292	18 843	28 755	**65.4**
中央对地方科技专项转移支付	**448 709**	**57 502**	57 502	0	0	**12.8**

表 2-7　北京市各区财政科技支出及占财政一般公共预算支出的比重（2020 年）

地区	财政科技支出（万元）	一般公共预算支出（万元）	财政科技支出占一般公共预算支出的比重（%）
各区合计	**761 438**	**40 488 634**	**1.9**
东城区	16 564	2 687 029	0.6
西城区	42 036	4 179 950	1.0
朝阳区	101 676	5 033 913	2.0
丰台区	59 113	2 377 847	2.5
石景山区	16 635	1 139 295	1.5
海淀区	231 114	6 126 682	3.8
门头沟区	3756	1 068 936	0.4
房山区	5255	2 539 871	0.2
通州区	9412	1 243 016	0.8
顺义区	24 283	3 153 583	0.8
昌平区	67 812	2 651 630	2.6
大兴区	66 519	2 453 920	2.7
怀柔区	49 843	1 496 590	3.3
平谷区	11 854	1 195 333	1.0
密云区	33 974	1 750 000	1.9
延庆区	21 592	1 391 039	1.6

表 2-8 天津市各区财政科技支出及占财政一般公共预算支出的比重（2020 年）

地区	财政科技支出（万元）	一般公共预算支出（万元）	财政科技支出占一般公共预算支出的比重（%）
各区合计	**913 156**	**20 494 479**	**4.5**
和平区	4158	469 528	0.9
河东区	1854	648 735	0.3
河西区	8940	712 025	1.3
南开区	8411	551 815	1.5
河北区	1889	454 427	0.4
红桥区	2980	485 809	0.6
东丽区	9743	938 229	1.0
西青区	32 929	1 155 880	2.8
津南区	23 461	1 492 206	1.6
北辰区	23 984	881 277	2.7
武清区	14 311	1 512 571	0.9
宝坻区	19 487	854 229	2.3
滨海新区	740 841	8 066 024	9.2
宁河区	5918	510 842	1.2
静海区	11 015	945 634	1.2
蓟州区	3235	815 248	0.4

表 2-9　河北省各地市财政科技支出及占财政一般公共预算支出的比重（2020 年）

地区	财政科技支出（万元）	一般公共预算支出（万元）	财政科技支出占一般公共预算支出的比重（%）
各市合计	**704 201**	**75 537 550**	**0.9**
石家庄市	142 386	10 742 548	1.3
唐山市	123 386	9 262 511	1.3
秦皇岛市	22 078	3 402 821	0.6
邯郸市	69 913	7 892 357	0.9
邢台市	34 355	6 109 699	0.6
保定市	29 166	9 137 309	0.3
张家口市	36 650	6 430 738	0.6
承德市	27 377	4 491 623	0.6
沧州市	59 138	7 350 504	0.8
廊坊市	92 783	6 518 910	1.4
衡水市	66 969	4 198 530	1.6

第三部分

科学研究和技术服务业事业单位

（一）全部科学研究和技术服务业事业单位

表 3-1　京津冀科学研究和技术服务业事业单位基本情况（2018—2020 年）

项目	2018 年	2019 年	2020 年
机构数（个）			
全国	**5779**	**5929**	**6264**
京津冀合计	**718**	**700**	**681**
北京	437	432	445
天津	168	153	116
河北	113	115	120
京津冀占比（%）	**12.4**	**11.8**	**10.9**
从业人员（人）			
全国	**601 639**	**630 976**	**675 817**
京津冀合计	**144 548**	**146 577**	**151 446**
北京	111 426	113 979	119 935
天津	16 156	16 696	14 667
河北	16 966	15 902	16 844
京津冀占比（%）	**24.0**	**23.2**	**22.4**
R&D 人员全时当量（人年）			
全国	**269 770**	**287 371**	**319 982**
京津冀合计	**74 772**	**77 954**	**86 119**
北京	65 611	68 317	76 381
天津	5616	5671	5186
河北	3545	3966	4552
京津冀占比（%）	**27.7**	**27.1**	**26.9**
R&D 经费内部支出（亿元）			
全国	**1325.7**	**1586.1**	**1762.3**
京津冀合计	**464.3**	**554.1**	**555.6**
北京	416.9	505.2	509.2
天津	31.0	31.5	27.5

续表

项目	2018 年	2019 年	2020 年
河北	16.4	17.5	18.8
京津冀占比（%）	**35.0**	**34.9**	**31.5**
专利申请数（件）			
全国	**42 610**	**47 667**	**53 600**
京津冀合计	**9537**	**11 349**	**12 522**
北京	8174	9693	10 630
天津	861	1056	1084
河北	502	600	808
京津冀占比（%）	**22.4**	**23.8**	**23.4**
有效发明专利数（件）			
全国	**104 168**	**114 171**	**136 364**
京津冀合计	**30 334**	**36 448**	**44 250**
北京	28 258	34 018	41 374
天津	1275	1439	1667
河北	801	991	1209
京津冀占比（%）	**29.1**	**31.9**	**32.4**

表 3-2　京津冀科学研究和技术服务业事业单位 R&D 人员情况（2020 年）

单位：人

地区	R&D 人员合计	# 女性	# 博士毕业	硕士毕业	本科毕业	# 全时人员
全国	**402 325**	**150 535**	**104 601**	**130 032**	**120 709**	**261 217**
京津冀合计	**108 574**	**45 766**	**39 031**	**34 019**	**23 258**	**69 522**
北京	96 489	40 624	36 991	29 721	18 620	61 103
天津	6863	3036	1351	2510	2533	4258
河北	5222	2106	689	1788	2105	4161
京津冀占比（%）	**27.0**	**30.4**	**37.3**	**26.2**	**19.3**	**26.6**

表 3-3　京津冀科学研究和技术服务业事业单位 R&D 人员全时当量按活动类型分布（2020 年）

单位：人年

地区	R&D 人员全时当量	# 研究人员	基础研究	应用研究	试验发展
全国	**319 982**	**228 808**	**94 844**	**112 405**	**112 733**
京津冀合计	**86 119**	**62 216**	**35 968**	**33 749**	**16 402**
北京	76 381	55 254	34 461	31 014	10 906
天津	5186	3421	791	1631	2764
河北	4552	3541	716	1104	2732
京津冀占比（%）	**26.9**	**27.2**	**37.9**	**30.0**	**14.5**

表 3-4　京津冀科学研究和技术服务业事业单位 R&D 经费内部支出按活动类型分布（2020 年）

单位：万元

地区	R&D 经费内部支出	基础研究	应用研究	试验发展
全国	**17 622 811**	**4 816 732**	**6 942 682**	**5 863 397**
京津冀合计	**5 556 208**	**2 105 791**	**2 432 893**	**1 017 523**
北京	5 092 348	2 061 178	2 280 894	750 276
天津	275 394	27 081	88 577	159 736
河北	188 466	17 532	63 422	107 511
京津冀占比（%）	**31.5**	**43.7**	**35.0**	**17.4**

表 3-5　京津冀科学研究和技术服务业事业单位 R&D 经费内部支出按支出用途分布（2020 年）

单位：万元

地区	R&D 经费内部支出	日常性支出	# 人员劳务费	资产性支出	# 仪器和设备
全国	**17 622 811**	**13 534 600**	**6 580 093**	**4 088 211**	**2 785 285**
京津冀合计	**5 556 208**	**4 450 682**	**1 991 070**	**1 105 527**	**842 227**
北京	5 092 348	4 047 234	1 793 731	1 045 115	799 647
天津	275 394	234 640	124 992	40 754	28 778
河北	188 466	168 808	72 347	19 658	13 802
京津冀占比（%）	**31.5**	**32.9**	**30.3**	**27.0**	**30.2**

表 3-6　京津冀科学研究和技术服务业事业单位 R&D 经费内部支出按资金来源分布（2020 年）

单位：万元

地区	R&D 经费内部支出	政府资金	企业资金	国外资金	其他资金
全国	**17 622 811**	**14 952 996**	**1 167 543**	**37 923**	**1 464 348**
京津冀合计	**5 556 208**	**4 800 651**	**382 337**	**17 465**	**355 756**
北京	5 092 348	4 425 461	340 442	17 330	309 116
天津	275 394	201 304	35 104	0	38 986
河北	188 466	173 886	6791	135	7654
京津冀占比（%）	**31.5**	**32.1**	**32.7**	**46.1**	**24.3**

表 3-7　京津冀科学研究和技术服务业事业单位 R&D 经费外部支出情况（2020 年）

单位：万元

地区	R&D 经费外部支出	对境内研究机构支出	对境内高等学校支出	对境内企业支出	对境内其他单位支出	对境外机构支出
全国	**515 305**	**203 142**	**154 782**	**106 143**	**48 302**	**2937**
京津冀合计	**170 489**	**82 374**	**33 105**	**27 677**	**26 356**	**978**
北京	165 177	82 252	32 984	24 773	24 191	978
天津	3280	57	101	2904	218	0
河北	2032	65	20	0	1947	0
京津冀占比（%）	**33.1**	**40.5**	**21.4**	**26.1**	**54.6**	**33.3**

表 3-8　京津冀科学研究和技术服务业事业单位 R&D 课题情况（2020 年）

地区	R&D 课题数（项）	投入人员（人年）	投入经费（万元）
全国	**138 277**	**258 195**	**9 202 291**
京津冀合计	**43 792**	**68 081**	**2 938 889**
北京	40 066	60 213	2 697 434
天津	2316	4157	157 046
河北	1410	3711	84 409
京津冀占比（%）	**31.7**	**26.4**	**31.9**

表 3-9　京津冀科学研究和技术服务业事业单位科技产出情况（2020 年）

项目	全国	京津冀合计	北京	天津	河北	京津冀占比（%）
发表科技论文（篇）	**196 812**	**70 464**	64 425	3331	2708	**35.8**
#国外发表	**79 689**	**32 415**	31 316	742	357	**40.7**
出版科技著作（种）	**6387**	**2701**	2445	168	88	**42.3**
专利申请数（件）	**53 600**	**12 522**	10 630	1084	808	**23.4**
#发明专利	**37 488**	**9397**	8436	574	387	**25.1**
有效发明专利数（件）	**136 364**	**44 250**	41 374	1667	1209	**32.4**
专利所有权转让及许可数（件）	**4449**	**2430**	2309	96	25	**54.6**
专利所有权转让及许可收入（万元）	**125 984**	**33 023**	27 352	5486	185	**26.2**
形成国家或行业标准数（项）	**4809**	**2100**	1979	83	38	**43.7**

（二）地方部门属科学研究和技术服务业事业单位

表 3-10　京津冀地方部门属科学研究和技术服务业事业单位基本情况（2018—2020 年）

项目	2018 年	2019 年	2020 年
机构数（个）			
全国	**5029**	**5169**	**5535**
京津冀合计	**333**	**313**	**287**
北京	102	98	100
天津	142	125	91
河北	89	90	96
京津冀占比（%）	**6.6**	**6.1**	**5.2**
从业人员（人）			
全国	**385 338**	**406 779**	**442 025**
京津冀合计	**28 592**	**28 154**	**26 986**
北京	12 663	12 014	12 770
天津	9518	9580	7113
河北	6411	6560	7103
京津冀占比（%）	**7.4**	**6.9**	**6.1**

续表

项目	2018年	2019年	2020年
R&D人员全时当量（人年）			
全国	**132 226**	**141 452**	**159 126**
京津冀合计	**10 004**	**10 486**	**10 347**
北京	5279	5401	5863
天津	2698	2898	2039
河北	2027	2187	2445
京津冀占比（%）	**7.6**	**7.4**	**6.5**
R&D经费内部支出（万元）			
全国	**4 560 409**	**5 565 522**	**6 862 686**
京津冀合计	**441 824**	**460 041**	**478 804**
北京	242 093	244 436	279 478
天津	121 886	128 792	96 390
河北	77 845	86 813	102 936
京津冀占比（%）	**9.7**	**8.3**	**7.0**
专利申请数（件）			
全国	**18 923**	**21 078**	**25 506**
京津冀合计	**1504**	**1554**	**1475**
北京	765	668	731
天津	416	534	351
河北	323	352	393
京津冀占比（%）	**7.9**	**7.4**	**5.8**
有效发明专利数（件）			
全国	**32 110**	**37 091**	**44 117**
京津冀合计	**2802**	**3665**	**3860**
北京	1766	2303	2311
天津	509	714	738
河北	527	648	811
京津冀占比（%）	**8.7**	**9.9**	**8.7**

表 3-11　京津冀地方部门属科学研究和技术服务业事业单位 R&D 人员情况（2020 年）

单位：人

地区	R&D 人员合计	# 女性	# 博士毕业	硕士毕业	本科毕业	# 全时人员
全国	**202 191**	**74 928**	**35 474**	**66 148**	**76 568**	**129 500**
京津冀合计	**12 848**	**6360**	**2726**	**4340**	**4258**	**8659**
北京	6727	3604	1863	2251	1649	5080
天津	3157	1433	502	1063	1429	1438
河北	2964	1323	361	1026	1180	2141
京津冀占比（%）	**6.4**	**8.5**	**7.7**	**6.6**	**5.6**	**6.7**

表 3-12　京津冀地方部门属科学研究和技术服务业事业单位 R&D 人员全时当量按活动类型分布（2020 年）

单位：人年

地区	R&D 人员全时当量	# 研究人员	基础研究	应用研究	试验发展
全国	**159 126**	**111 318**	**28 263**	**51 329**	**79 534**
京津冀合计	**10 347**	**6317**	**2440**	**3201**	**4706**
北京	5863	3375	2006	2130	1727
天津	2039	1127	217	627	1195
河北	2445	1815	217	444	1784
京津冀占比（%）	**6.5**	**5.7**	**8.6**	**6.2**	**5.9**

表 3-13　京津冀地方部门属科学研究和技术服务业事业单位 R&D 经费内部支出按活动类型分布（2020 年）

单位：万元

地区	R&D 经费内部支出	基础研究	应用研究	试验发展
全国	**6 862 686**	**1 058 533**	**2 505 506**	**3 298 647**
京津冀合计	**478 804**	**96 737**	**153 262**	**228 806**
北京	279 478	82 690	109 817	86 971
天津	96 390	7361	25 776	63 253
河北	102 936	6686	17 669	78 582
京津冀占比（%）	**7.0**	**9.1**	**6.1**	**6.9**

表 3-14 京津冀地方部门属科学研究和技术服务业事业单位 R&D 经费内部支出按支出用途分布（2020 年）

单位：万元

地区	R&D 经费内部支出	日常性支出	# 人员劳务费	资产性支出	# 仪器和设备
全国	**6 862 686**	**4 950 970**	**2 848 863**	**1 911 717**	**1 244 433**
京津冀合计	**478 804**	**427 674**	**225 299**	**51 131**	**38 923**
北京	279 478	251 431	131 404	28 047	22 075
天津	96 390	85 553	47 804	10 837	8406
河北	102 936	90 690	46 091	12 247	8442
京津冀占比（%）	**7.0**	**8.6**	**7.9**	**2.7**	**3.1**

表 3-15 京津冀地方部门属科学研究和技术服务业事业单位 R&D 经费内部支出按资金来源分布（2020 年）

单位：万元

地区	R&D 经费内部支出	政府资金	企业资金	国外资金	其他资金
全国	**6 862 686**	**5 665 432**	**322 336**	**4023**	**870 896**
京津冀合计	**478 804**	**390 298**	**28 322**	**1155**	**59 029**
北京	279 478	234 934	13 658	1125	29 761
天津	96 390	59 608	13 995	0	22 787
河北	102 936	95 756	669	30	6481
京津冀占比（%）	**7.0**	**6.9**	**8.8**	**28.7**	**6.8**

表 3-16 京津冀地方部门属科学研究和技术服务业事业单位科技产出情况（2020 年）

项目	**全国**	**京津冀合计**	北京	天津	河北	**京津冀占比（%）**
发表科技论文（篇）	**86 905**	**7804**	4598	1407	1799	**9.0**
# 国外发表	**18 808**	**1869**	1577	89	203	**9.9**
出版科技著作（种）	**3267**	**342**	166	103	73	**10.5**
专利申请数（件）	**25 506**	**1475**	731	351	393	**5.8**
# 发明专利	**15 326**	**889**	471	196	222	**5.8**
有效发明专利数（件）	**44 117**	**3860**	2311	738	811	**8.7**
专利所有权转让及许可数（件）	**941**	**100**	38	53	9	**10.6**
专利所有权转让及许可收入（万元）	**13 998**	**2761**	909	1688	164	**19.7**
形成国家或行业标准数（项）	**2383**	**180**	112	33	35	**7.6**

第四部分

工业企业

表 4-1　京津冀规模以上工业企业基本情况（2015—2020 年）

项目	2015 年	2016 年	2017 年	2018 年	2019 年	2020 年
企业数（个）						
全国	**383 153**	**378 599**	**372 729**	**378 440**	**377 815**	**399 375**
京津冀合计	**24 378**	**23 302**	**22 307**	**22 432**	**21 115**	**22 387**
北京	3548	3340	3231	3197	3121	3028
天津	5525	5198	4286	4292	4813	5120
河北	15 305	14 764	14 790	14 943	13 181	14 239
京津冀占比（%）	**6.4**	**6.2**	**6.0**	**5.9**	**5.6**	**5.6**
有研发机构的企业数（个）						
全国	**52 833**	**61 765**	**70 636**	**72 607**	**85 274**	**94 072**
京津冀合计	**2582**	**2542**	**2191**	**1786**	**2729**	**3129**
北京	661	607	546	483	447	453
天津	891	812	464	403	433	479
河北	1030	1123	1181	900	1849	2197
京津冀占比（%）	**4.9**	**4.1**	**3.1**	**2.5**	**3.2**	**3.3**
有 R&D 活动的企业数（个）						
全国	**73 570**	**86 891**	**102 218**	**104 820**	**129 198**	**146 691**
京津冀合计	**4613**	**4907**	**5124**	**4262**	**4776**	**5783**
北京	1141	1155	1192	1127	1127	1202
天津	2084	2051	1714	1387	1298	1444
河北	1388	1701	2218	1748	2351	3137
京津冀占比（%）	**6.3**	**5.6**	**5.0**	**4.1**	**3.7**	**3.9**
R&D 人员全时当量（人年）						
全国	**2 638 290**	**2 702 489**	**2 736 244**	**2 981 234**	**3 151 828**	**3 460 409**
京津冀合计	**214 516**	**212 450**	**189 735**	**169 165**	**166 022**	**177 736**
北京	50 773	51 143	52 719	46 929	44 241	46 172
天津	84 291	78 336	57 881	53 280	45 685	45 227
河北	79 452	82 971	79 135	68 956	76 096	86 337
京津冀占比（%）	**8.1**	**7.9**	**6.9**	**5.7**	**5.3**	**5.1**

续表

项目	2015 年	2016 年	2017 年	2018 年	2019 年	2020 年
R&D 经费内部支出（亿元）						
全国	**10 013.9**	**10 944.7**	**12 013.0**	**12 954.8**	**13 971.1**	**15 271.3**
京津冀合计	**882.6**	**913.5**	**861.2**	**908.9**	**937.2**	**1011.6**
北京	244.1	254.8	269.1	274.0	285.2	297.4
天津	352.7	350.0	241.1	252.9	213.4	228.8
河北	285.8	308.7	351.0	382.0	438.6	485.5
京津冀占比（%）	**8.8**	**8.3**	**7.2**	**7.0**	**6.7**	**6.6**
营业收入（亿元）						
全国	**1 109 853.0**	**1 158 998.5**	**1 133 160.8**	**1 049 491.0**	**1 067 397.2**	**1 083 658.4**
京津冀合计	**92 483.0**	**92 953.8**	**78 816.1**	**79 628.8**	**83 483.1**	**86 068.4**
北京	18 864.9	19 747.0	20 722.0	21 958.8	23 419.1	23 849.0
天津	27 970.0	25 888.2	16 144.1	18 107.1	18 968.9	19 006.2
河北	45 648.1	47 318.6	41 950.0	39 562.9	41 095.1	43 213.2
京津冀占比（%）	**8.3**	**8.0**	**7.0**	**7.6**	**7.8**	**7.9**

表 4-2　京津冀规模以上工业企业生产经营情况（2020 年）

单位：亿元

地区	资产总计	营业收入		利润总额
			# 新产品销售收入	
全国	**1 303 499.3**	**1 083 658.4**	**238 073.7**	**68 465.0**
京津冀合计	**128 136.1**	**86 068.4**	**16 427.9**	**4878.6**
北京	55 167.0	23 849.0	5344.9	1729.6
天津	21 666.0	19 006.2	3892.0	971.2
河北	51 303.1	43 213.2	7191.0	2177.8
京津冀占比（%）	**9.8**	**7.9**	**6.9**	**7.1**

表 4-3　京津冀规模以上工业企业 R&D 人员情况（2020 年）

地区	R&D 人员（人）		R&D 人员全时当量（人年）	
		# 女性		# 研究人员
全国	**4 767 501**	**1 057 078**	**3 460 409**	**1 444 084**
京津冀合计	**256 194**	**58 537**	**177 736**	90 110
北京	64 256	18 202	46 172	29 979
天津	65 505	16 376	45 227	24 508
河北	126 433	23 959	86 337	35 623
京津冀占比（%）	**5.4**	**5.5**	**5.1**	**6.2**

表 4-4　京津冀规模以上工业企业 R&D 经费内部支出情况（2020 年）

单位：亿元

项目	全国	京津冀合计	北京	天津	河北	京津冀占比（%）
R&D 经费内部支出	**15 271.3**	**1011.6**	297.4	228.8	485.5	**6.6**
# 试验发展支出	**14 810.8**	**961.0**	275.7	223.6	461.7	**6.5**
# 日常性支出	**14 121.8**	**934.6**	279.3	205.7	449.6	**6.6**
# 人员劳务费	**4852.1**	**296.0**	123.1	68.1	104.8	**6.1**
资产性支出	**1149.5**	**77.0**	18.1	23.0	35.9	**6.7**
# 仪器和设备	**1122.0**	**75.4**	17.5	22.8	35.1	**6.7**
政府资金	**419.0**	**31.2**	23.7	3.8	3.8	**7.5**
企业资金	**14 791.4**	**972.5**	270.5	220.8	481.1	**6.6**
国外资金	**39.3**	**4.0**	2.7	1.2	0	**10.1**
其他资金	**21.6**	**4.0**	0.6	2.9	0.5	**18.6**

表 4-5　京津冀规模以上工业企业 R&D 经费外部支出情况（2020 年）

单位：亿元

地区	R&D 经费外部支出		
		# 对境内研究机构支出	# 对境内高等学校支出
全国	**1008.5**	**345.2**	**62.2**
京津冀合计	**73.0**	**29.5**	**5.5**
北京	39.9	18.7	3.7
天津	14.1	1.3	0.7
河北	19.0	9.5	1.0
京津冀占比（%）	**7.2**	**8.5**	**8.8**

表 4-6　京津冀规模以上工业企业办研发机构情况（2020 年）

地区	机构数（个）	机构人员（人）		机构经费支出（亿元）	仪器和设备原价（亿元）
			# 博士和硕士		
全国	**105 094**	**3 713 270**	**459 579**	**13 583.6**	**9851.4**
京津冀合计	**3694**	**187 875**	**33 053**	**790.6**	**617.0**
北京	538	46 521	15 511	259.2	165.7
天津	601	38 771	7399	120.9	121.0
河北	2555	102 583	10 143	410.5	330.3
京津冀占比（%）	**3.5**	**5.1**	**7.2**	**5.8**	**6.3**

表 4-7　京津冀规模以上工业企业新产品开发和销售情况（2020 年）

地区	新产品开发项目数（项）	新产品开发经费支出（亿元）	新产品销售收入（亿元）	
				# 出口
全国	**788 125**	**18 623.8**	**238 073.7**	**43 853.3**
京津冀合计	**47 866**	**1253.2**	**16 427.9**	**2125.2**
北京	13 188	452.3	5344.9	978.0
天津	14 449	238.7	3892.0	543.8
河北	20 229	562.2	7191.0	603.4
京津冀占比（%）	**6.1**	**6.7**	**6.9**	**4.8**

表 4-8　京津冀规模以上工业企业专利情况（2020 年）

单位：件

地区	专利申请数		有效发明专利数
		# 发明专利	
全国	**1 243 927**	**446 069**	**1 447 950**
京津冀合计	**68 995**	**26 681**	**108 341**
北京	25 147	13 078	55 261
天津	19 033	6060	24 945
河北	24 815	7543	28 135
京津冀占比（%）	**5.5**	**6.0**	**7.5**

表 4-9　京津冀规模以上工业企业技术获取和技术改造情况（2020 年）

单位：亿元

地区	引进技术经费支出	消化吸收经费支出	购买境内技术经费支出	技术改造经费支出
全国	**460.0**	**75.6**	**839.1**	**3516.7**
京津冀合计	**23.5**	**0.6**	**32.9**	**166.1**
北京	16.7	0.2	22.2	49.5
天津	5.3	0	3.6	36.4
河北	1.5	0.4	7.1	80.2
京津冀占比（%）	**5.1**	**0.7**	**3.9**	**4.7**

第五部分

高等学校

表 5-1　京津冀高等学校基本情况（2015—2020 年）

项目	2015 年	2016 年	2017 年	2018 年	2019 年	2020 年
R&D 人员全时当量（人年）						
全国	**354 861**	**360 049**	**382 160**	**410 893**	**565 478**	**614 763**
京津冀合计	**55 865**	**53 364**	**57 703**	**60 126**	**93 271**	**101 129**
北京	34 460	32 327	35 207	36 546	63 119	68 308
天津	11 369	10 355	10 664	11 752	17 267	17 167
河北	10 036	10 682	11 832	11 828	12 885	15 654
京津冀占比（%）	**15.7**	**14.8**	**15.1**	**14.6**	**16.5**	**16.5**
R&D 经费内部支出（亿元）						
全国	**998.6**	**1072.2**	**1266.0**	**1457.9**	**1796.6**	**1882.5**
京津冀合计	**236.6**	**240.1**	**267.9**	**300.6**	**358.7**	**349.3**
北京	162.6	160.4	182.8	215.5	280.8	262.4
天津	61.2	63.7	64.1	60.9	52.5	57.1
河北	12.7	15.9	21.0	24.2	25.4	29.8
京津冀占比（%）	23.7	22.4	21.2	20.6	20.0	18.6
R&D 课题数（项）						
全国	**841 520**	**894 279**	**966 780**	**1 076 903**	**1 188 769**	**1 288 633**
京津冀合计	**134 439**	**137 159**	**144 576**	**158 818**	**172 173**	**183 367**
北京	92 243	91 089	96 187	105 930	115 571	122 153
天津	21 801	22 503	23 157	25 764	27 651	29 370
河北	20 395	23 567	25 232	27 124	28 951	31 844
京津冀占比（%）	**16.0**	**15.3**	**15.0**	**14.7**	**14.5**	**14.2**
发表科技论文（篇）						
全国	**1 220 467**	**1 267 881**	**1 308 110**	**1 389 912**	**1 447 336**	**1 493 932**
京津冀合计	**182 167**	**184 357**	**193 795**	**199 354**	**202 143**	**195 951**
北京	118 985	118 193	127 627	129 562	131 118	126 570
天津	32 619	29 977	28 644	35 322	35 702	34 443
河北	30 563	36 187	37 524	34 470	35 323	34 938
京津冀占比（%）	**14.9**	**14.5**	**14.8**	**14.3**	**14.0**	**13.1**

续表

项目	2015 年	2016 年	2017 年	2018 年	2019 年	2020 年
专利申请数（件）						
全国	**190 351**	**236 665**	**277 524**	**320 790**	**340 685**	**340 360**
京津冀合计	**22 206**	**25 838**	**28 785**	**33 252**	**35 588**	**33 828**
北京	13 363	14 960	15 270	17 479	19 848	19 575
天津	5691	6044	7877	10 012	9666	6875
河北	3152	4834	5638	5761	6074	7378
京津冀占比（%）	**11.7**	**10.9**	**10.4**	**10.4**	**10.4**	**9.9**
有效发明专利数（件）						
全国	**201 492**	**245 289**	**303 283**	**357 010**	**414 032**	**492 903**
京津冀合计	**46 299**	**49 548**	**60 411**	**66 986**	**76 655**	**86 758**
北京	38 050	39 047	47 511	52 806	59 498	66 823
天津	6223	7004	8409	10 171	12 388	12 069
河北	2026	3497	4491	4009	4769	7866
京津冀占比（%）	**23.0**	**20.2**	**19.9**	**18.8**	**18.5**	**17.6**

表 5-2　京津冀高等学校 R&D 人员情况（2020 年）

项目	全国	京津冀合计	北京	天津	河北	京津冀占比（%）
学校数（个）	**2738**	**273**	92	56	125	**10.0**
从业人员（人）	**2 724 230**	**333 568**	176 413	55 560	101 595	**12.2**
R&D 人员合计（人）	**1 273 926**	**196 550**	123 428	32 239	40 883	**15.4**
# 女性	**503 834**	**73 847**	39 991	12 237	21 619	**14.7**
# 博士毕业	**470 325**	**87 083**	64 795	13 000	9288	**18.5**
# 硕士毕业	**499 676**	**66 993**	33 660	12 265	21 068	**13.4**
# 本科毕业	**267 736**	**37 085**	20 784	6505	9796	**13.9**
# 全时人员	**556 610**	**93 079**	64 898	15 861	12 320	**16.7**
R&D 人员全时当量（人年）	**614 763**	**101 129**	68 308	17 167	15 654	**16.5**
# 研究人员	**547 387**	**92 362**	62 515	15 614	14 233	**16.9**
基础研究	**284 685**	**42 589**	28 989	6947	6653	**15.0**
应用研究	**289 497**	**52 831**	36 460	7861	8510	**18.2**
试验发展	**40 580**	**5709**	2860	2359	491	**14.1**

表 5-3　京津冀高等学校 R&D 经费内部支出按活动类型分布（2020 年）

单位：万元

地区	R&D 经费内部支出	基础研究	应用研究	试验发展
全国	**18 824 841**	**7 248 373**	**9 641 805**	**1 934 663**
京津冀合计	**3 492 807**	**1 248 533**	**1 947 146**	**297 129**
北京	2 623 748	884 119	1 524 899	214 730
天津	570 940	261 523	236 886	72 530
河北	298 119	102 890	185 361	9869
京津冀占比（%）	**18.6**	**17.2**	**20.2**	**15.4**

表 5-4　京津冀高等学校 R&D 经费内部支出按支出用途分布（2020 年）

单位：万元

地区	R&D 经费内部支出	日常性支出	# 人员劳务费	资产性支出	# 仪器和设备
全国	**18 824 841**	**15 094 959**	**4 270 093**	**3 729 882**	**2 740 369**
京津冀合计	**3 492 807**	**2 957 215**	**653 492**	**535 592**	**381 509**
北京	2 623 748	2 272 462	521 839	351 286	274 644
天津	570 940	452 079	72 724	118 861	50 197
河北	298 119	232 674	58 929	65 445	56 668
京津冀占比（%）	**18.6**	**19.6**	**15.3**	**14.4**	**13.9**

表 5-5　京津冀高等学校 R&D 经费内部支出按资金来源分布（2020 年）

单位：万元

地区	R&D 经费内部支出	政府资金	企业资金	国外资金	其他资金
全国	**18 824 841**	**11 280 120**	**6 660 054**	**65 460**	**819 207**
京津冀合计	**3 492 807**	**2 119 124**	**1 219 765**	**44 015**	**109 903**
北京	2 623 748	1 688 890	819 604	43 867	71 387
天津	570 940	266 751	280 397	143	23 649
河北	298 119	163 483	119 764	5	14 868
京津冀占比（%）	**18.6**	**18.8**	**18.3**	**67.2**	**13.4**

表 5-6　京津冀高等学校 R&D 课题情况（2020 年）

地区	R&D 课题数（项）	投入人员（人年）	投入经费（万元）
全国	**1 288 633**	**614 618**	**12 022 152**
京津冀合计	**183 367**	**101 111**	**2 517 922**
北京	122 153	68 297	2 138 888
天津	29 370	17 163	234 695
河北	31 844	15 651	144 339
京津冀占比（%）	**14.2**	**16.5**	**20.9**

表 5-7　京津冀高等学校科技产出情况（2020 年）

项目	全国	京津冀合计	北京	天津	河北	京津冀占比（%）
发表科技论文（篇）	**1 493 932**	**195 951**	126 570	34 443	34 938	**13.1**
# 国外发表	**590 419**	**84 798**	57 561	17 901	9336	**14.4**
出版科技著作（种）	**43 452**	**6481**	4445	670	1366	**14.9**
专利申请数（件）	**340 360**	**33 828**	19 575	6875	7378	**9.9**
# 发明专利	**194 612**	**24 985**	16 578	5293	3114	**12.8**
有效发明专利数（件）	**492 903**	**86 758**	66 823	12 069	7866	**17.6**
专利所有权转让及许可数（件）	**15 288**	**1750**	943	327	480	**11.4**
专利所有权转让及许可收入（万元）	**248 323**	**40 633**	27 943	9956	2734	**16.4**
形成国家或行业标准数（项）	**1059**	**401**	351	1	49	**37.9**

第六部分

高技术产业

表 6-1　京津冀高技术产业基本情况（2015—2020 年）

项目	2015 年	2016 年	2017 年	2018 年	2019 年	2020 年
企业数（个）						
全国	**29 631**	**30 798**	**32 027**	**33 573**	**35 833**	**40 194**
京津冀合计	**2029**	**1961**		**1901**	**2014**	**2178**
北京	805	795		799	853	884
天津	591	533	457	452	491	549
河北	633	633		650	670	745
京津冀占比（%）	**6.8**	**6.4**		**5.7**	**5.6**	**5.4**
研发机构数（个）						
全国	**11 265**	**13 741**	**15 696**	**16 052**	**17 969**	**20 185**
京津冀合计	**619**	**608**	**566**	**490**	**608**	**704**
北京	313	293	264	228	213	246
天津	139	133	111	103	102	137
河北	167	182	191	159	293	321
京津冀占比（%）	**5.5**	**4.4**	**3.6**	**3.1**	**3.4**	**3.5**
R&D 人员全时当量（人年）						
全国	**726 983**	**730 681**	**747 310**	**824 567**	**860 961**	**990 314**
京津冀合计	**60 698**	**54 898**	**54 508**	**46 023**	**42 162**	**46 830**
北京	22 344	23 138	23 611	21 991	20 692	23 546
天津	24 660	17 609	16 234	13 550	11 493	12 365
河北	13 694	14 151	14 663	10 482	9977	10 919
京津冀占比（%）	**8.3**	**7.5**	**7.3**	**5.6**	**4.9**	**4.7**
R&D 经费内部支出（亿元）						
全国	**2626.7**	**2916.7**	**3182.6**	**3559.1**	**3804.0**	**4649.1**
京津冀合计	**241.1**	**240.7**	**241.4**	**245.9**	**233.8**	**282.7**
北京	120.2	129.9	131.8	134.2	147.3	158.0
天津	82.2	69.9	66.5	68.1	52.5	66.2
河北	38.7	40.9	43.1	43.6	34.0	58.5
京津冀占比（%）	**9.2**	**8.3**	**7.6**	**6.9**	**6.1**	**6.1**

续表

项目	2015 年	2016 年	2017 年	2018 年	2019 年	2020 年
从业人员平均人数（人）						
全国	**13 543 225**	**13 418 185**		**13 176 645**	**12 880 355**	**13 866 556**
京津冀合计	**759 042**	**693 933**		**645 340**	**621 030**	**643 158**
北京	270 226	262 933		261 216	257 393	256 474
天津	275 810	222 311		186 944	178 777	185 898
河北	213 006	208 689		197 180	184 860	200 786
京津冀占比（%）	**5.6**	**5.2**		**4.9**	**4.8**	**4.6**
营业收入（亿元）①						
全国	**139 968.6**	**153 796.3**	**159 376.0**	**157 001.0**	**158 849.0**	**174 613.0**
京津冀合计	**9937.0**	**9907.1**		**9577.0**	**10 146.0**	**11 222.0**
北京	3997.0	4308.5		5314.0	5850.0	6573.0
天津	4234.0	3762.5	2728.7	2667.0	2720.0	2937.0
河北	1706.0	1836.1		1596.0	1576.0	1712.0
京津冀占比（%）	**7.1**	**6.4**		**6.1**	**6.4**	**6.4**
利润总额（亿元）						
全国	**8986.6**	**10 301.8**		**10 292.8**	**10 503.5**	**12 394.0**
京津冀合计	**744.7**	**779.8**		**682.8**	**875.1**	**970.9**
北京	268.3	321.0		400.5	521.9	554.6
天津	316.0	296.2		157.0	164.5	200.3
河北	160.4	162.6		125.3	188.7	216.0
京津冀占比（%）	**8.3**	**7.6**		**6.6**	**8.3**	**7.8**

① 2015—2017 年的统计指标为主营业务收入，2018—2020 年的统计指标为营业收入。

表 6-2　京津冀高技术产业 R&D 相关情况（2020 年）

地区	有 R&D 活动的企业数（个）	R&D 人员（人）	# 全时人员	# 研究人员
全国	**23 635**	**1 291 478**	**1 032 863**	**465 545**
京津冀合计	**1163**	**63 992**	**51 989**	**29 254**
北京	510	29 460	24 049	14 553
天津	283	19 386	15 763	9082
河北	370	15 146	12 177	5619
京津冀占比（%）	**4.9**	**5.0**	**5.0**	**6.3**

表 6-3　京津冀高技术产业新产品开发和销售情况（2020 年）

地区	新产品开发项目数（项）	新产品开发经费支出（亿元）	新产品销售收入（亿元）	# 出口
全国	**184 487**	**6152.4**	**68 549.1**	**24 880.3**
京津冀合计	**13 154**	**392.5**	**4147.5**	**1408.5**
北京	6478	246.7	2487.5	878.1
天津	3564	78.4	944.1	362.9
河北	3112	67.4	715.9	167.5
京津冀占比（%）	**7.1**	**6.4**	**6.1**	**5.7**

表 6-4　京津冀高技术产业 R&D 经费情况（2020 年）

单位：亿元

地区	R&D 经费内部支出	# 人员劳务费	# 仪器和设备	# 政府资金	# 企业资金	R&D 经费外部支出
全国	**4649.1**	**1832.9**	**389.9**	**264.3**	**4359.8**	**563.2**
京津冀合计	**282.7**	**107.0**	**31.7**	**20.2**	**256.0**	**49.3**
北京	158.0	64.1	9.6	16.1	139.4	30.1
天津	66.2	26.0	5.9	2.8	59.7	10.4
河北	58.5	16.9	16.2	1.4	56.9	8.8
京津冀占比（%）	**6.1**	**5.8**	**8.1**	**7.6**	**5.9**	**8.8**

表 6-5　京津冀高技术产业专利情况（2020 年）

单位：件

地区	专利申请数	#发明专利	有效发明专利数
全国	**348 522**	**174 641**	**570 905**
京津冀合计	**18 842**	**10 880**	**42 438**
北京	11 324	7180	31 243
天津	4459	2315	6731
河北	3059	1385	4464
京津冀占比（%）	**5.4**	**6.2**	**7.4**

表 6-6　京津冀高技术产业技术获取和技术改造情况（2020 年）

单位：万元

地区	引进技术经费支出	消化吸收经费支出	购买境内技术经费支出	技术改造经费支出
全国	**1 807 298**	**120 794**	**2 519 174**	**6 298 740**
京津冀合计	**41 934**	**1000**	**247 085**	**57 679**
北京	41 350	1000	198 939	8989
天津	70	0	1822	26 838
河北	514	0	46 324	21 852
京津冀占比（%）	**2.3**	**0.8**	**9.8**	**0.9**

表 6-7　京津冀高技术产业企业办研发机构情况（2020 年）

地区	有研发机构的企业数（个）	机构数（个）	机构人员（人）	机构经费支出（亿元）	#仪器和设备
全国	**17 100**	**20 185**	**1 195 561**	**5061.5**	**2808.1**
京津冀合计	**557**	**704**	**49 381**	**226.3**	**155.2**
北京	202	246	21 001	118.9	74.2
天津	105	137	15 197	59.5	31.9
河北	250	321	13 183	47.9	49.1
京津冀占比（%）	**3.3**	**3.5**	**4.1**	**4.5**	**5.5**

表 6-8　京津冀高技术产业投资增长情况（2020 年）

单位：%

地区	全部投资	国有	内资	港澳台投资	外商投资
全国	**11.5**	**34.3**	**11.2**	**30.4**	**4.9**
北京	87.7	22.9	74.6	25.3	130.1
天津	3.3	22.9	31.6	11.7	−17.5
河北	−17.2	−37.3	−14.7	−15.3	−82.8

第七部分

企业创新

表 7-1　规模（限额）以上企业创新活动总体情况（2020 年）

项目	全国	京津冀合计	北京	天津	河北	京津冀占比（%）
企业数（个）	**876 023**	**71 235**	28 869	17 398	24 968	**8.1**
开展创新活动企业数（个）	**379 409**	**28 166**	12 368	5923	9875	**7.4**
# 实现创新企业	**359 904**	**25 825**	10 711	5592	9522	**7.2**
# 同时实现 4 种创新企业	**74 297**	**4028**	1368	886	1774	**5.4**
# 既实现产品或工艺创新，也实现组织或营销创新的企业	**170 545**	**10 917**	4316	2277	4324	**6.4**
# 实现产品或工艺创新，未实现组织或营销创新的企业	**76 944**	**5451**	2343	1078	2030	**7.1**
# 实现组织或营销创新，未实现产品或工艺创新的企业	**112 415**	**9457**	4052	2237	3168	**8.4**
在全部企业中占比（%）						
开展创新活动企业	**43.3**	**39.5**	42.8	34.0	39.6	
# 实现创新企业	**41.1**	**36.3**	37.1	32.1	38.1	
# 同时实现 4 种创新企业	**8.5**	**5.7**	4.7	5.1	7.1	
# 既实现产品或工艺创新，也实现组织或营销创新的企业	**19.5**	**15.3**	15.0	13.1	17.3	
# 实现产品或工艺创新，未实现组织或营销创新的企业	**8.8**	**7.7**	8.1	6.2	8.1	
# 实现组织或营销创新，未实现产品或工艺创新的企业	**12.8**	**13.3**	14.0	12.9	12.7	

表 7-2　规模以上工业企业创新活动总体情况（2020 年）

项目	全国	京津冀合计	北京	天津	河北	京津冀占比（%）
企业数（个）	**399 258**	**22 377**	3028	5118	14 231	**5.6**
开展创新活动企业数（个）	**238 085**	**11 930**	2163	2881	6886	**5.0**
# 实现创新企业	**223 781**	**11 292**	1960	2716	6616	**5.0**
# 同时实现 4 种创新企业	**56 722**	**2448**	362	630	1456	**4.3**
# 既实现产品或工艺创新，也实现组织或营销创新的企业	**124 656**	**5974**	1058	1498	3418	**4.8**
# 实现产品或工艺创新，未实现组织或营销创新的企业	**62 799**	**3142**	690	743	1709	**5.0**

续表

项目	全国	京津冀合计	北京	天津	河北	京津冀占比（%）
#实现组织或营销创新，未实现产品或工艺创新的企业	**36 326**	**2176**	212	475	1489	**6.0**
在全部企业中占比（%）						
开展创新活动企业	**59.6**	**53.3**	71.4	56.3	48.4	
#实现创新企业	**56.0**	**50.5**	64.7	53.1	46.5	
#同时实现 4 种创新企业	**14.2**	**10.9**	12.0	12.3	10.2	
#既实现产品或工艺创新，也实现组织或营销创新的企业	**31.2**	**26.7**	34.9	29.3	24.0	
#实现产品或工艺创新，未实现组织或营销创新的企业	**15.7**	**14.0**	22.8	14.5	12.0	
#实现组织或营销创新，未实现产品或工艺创新的企业	**9.1**	**9.7**	7.0	9.3	10.5	

表 7-3　资质等级以上建筑业企业创新活动总体情况（2020 年）

项目	全国	京津冀合计	北京	天津	河北	京津冀占比（%）
企业数（个）	**58 534**	**4683**	1991	1117	1575	**8.0**
开展创新活动企业数（个）	**17 260**	**1444**	613	376	455	**8.4**
#实现创新企业	**16 743**	**1354**	554	353	447	**8.1**
#同时实现 4 种创新企业	**2014**	**142**	53	37	52	**7.1**
#既实现产品或工艺创新，也实现组织或营销创新的企业	**6097**	**542**	224	133	185	**8.9**
#实现产品或工艺创新，未实现组织或营销创新的企业	**2148**	**242**	125	61	56	**11.3**
#实现组织或营销创新，未实现产品或工艺创新的企业	**8498**	**570**	205	159	206	**6.7**
在全部企业中占比（%）						
开展创新活动企业	**29.5**	**30.8**	30.8	33.7	28.9	
#实现创新企业	**28.6**	**28.9**	27.8	31.6	28.4	
#同时实现 4 种创新企业	**3.4**	**3.0**	2.7	3.3	3.3	
#既实现产品或工艺创新，也实现组织或营销创新的企业	**10.4**	**11.6**	11.3	11.9	11.7	
#实现产品或工艺创新，未实现组织或营销创新的企业	**3.7**	**5.2**	6.3	5.5	3.6	
#实现组织或营销创新，未实现产品或工艺创新的企业	**14.5**	**12.2**	10.3	14.2	13.1	

表 7-4 规模（限额）以上服务业企业创新活动总体情况（2020 年）

项目	全国	京津冀合计	北京	天津	河北	京津冀占比（%）
企业数（个）	**418 231**	**44 175**	23 850	11 163	9162	**10.6**
开展创新活动企业数（个）	**124 064**	**14 792**	9592	2666	2534	**11.9**
# 实现创新企业	**119 380**	**13 179**	8197	2523	2459	**11.0**
# 同时实现 4 种创新企业	**15 561**	**1438**	953	219	266	**9.2**
# 既实现产品或工艺创新，也实现组织或营销创新的企业	**39 792**	**4401**	3034	646	721	**11.1**
# 实现产品或工艺创新，未实现组织或营销创新的企业	**11 997**	**2067**	1528	274	265	**17.2**
# 实现组织或营销创新，未实现产品或工艺创新的企业	**67 591**	**6711**	3635	1603	1473	**9.9**
在全部企业中占比（%）						
开展创新活动企业	**29.7**	**33.5**	40.2	23.9	27.7	
# 实现创新企业	**28.5**	**29.8**	34.4	22.6	26.8	
# 同时实现 4 种创新企业	**3.7**	**3.3**	4.0	2.0	2.9	
# 既实现产品或工艺创新，也实现组织或营销创新的企业	**9.5**	**10.0**	12.7	5.8	7.9	
# 实现产品或工艺创新，未实现组织或营销创新的企业	**2.9**	**4.7**	6.4	2.5	2.9	
# 实现组织或营销创新，未实现产品或工艺创新的企业	**16.2**	**15.2**	15.2	14.4	16.1	

表 7-5 规模以上高技术产业（制造业）创新活动总体情况（2020 年）

项目	全国	京津冀合计	北京	天津	河北	京津冀占比（%）
企业数（个）	**40 151**	**2175**	884	548	743	**5.4**
开展创新活动企业数（个）	**32 761**	**1781**	798	424	559	**5.4**
# 实现创新企业	**31 233**	**1674**	722	407	545	**5.4**
# 同时实现 4 种创新企业	**9848**	**393**	138	101	154	**4.0**
# 既实现产品或工艺创新，也实现组织或营销创新的企业	**20 694**	**1016**	402	255	359	**4.9**
# 实现产品或工艺创新，未实现组织或营销创新的企业	**7951**	**518**	260	118	140	**6.5**

续表

项目	全国	京津冀合计	北京	天津	河北	京津冀占比（%）
#实现组织或营销创新，未实现产品或工艺创新的企业	**2588**	**140**	60	34	46	**5.4**
在全部企业中占比（%）						
开展创新活动企业	**81.6**	**81.9**	90.3	77.4	75.2	
#实现创新企业	**77.8**	**77.0**	81.7	74.3	73.4	
#同时实现 4 种创新企业	**24.5**	**18.1**	15.6	18.4	20.7	
#既实现产品或工艺创新，也实现组织或营销创新的企业	**51.5**	**46.7**	45.5	46.5	48.3	
#实现产品或工艺创新，未实现组织或营销创新的企业	**19.8**	**23.8**	29.4	21.5	18.8	
#实现组织或营销创新，未实现产品或工艺创新的企业	**6.4**	**6.4**	6.8	6.2	6.2	

表 7-6　规模（限额）以上企业产品或工艺创新分布情况（2020 年）

项目	全国	京津冀合计	北京	天津	河北	京津冀占比（%）
开展产品或工艺创新活动企业数（个）	**278 548**	**20 226**	9303	3977	6946	**7.3**
#实现产品或工艺创新企业	**247 489**	**16 368**	6659	3355	6354	**6.6**
#实现产品创新企业	**181 299**	**11 408**	4829	2373	4206	**6.3**
#实现工艺创新企业	**205 084**	**12 997**	4822	2780	5395	**6.3**
未开展产品或工艺创新活动企业数（个）	**597 475**	**51 009**	19 566	13 421	18 022	**8.5**
在全部企业中占比（%）						
开展产品或工艺创新活动企业	**31.8**	**28.4**	32.2	22.9	27.8	
#实现产品或工艺创新企业	**28.3**	**23.0**	23.1	19.3	25.4	
#实现产品创新企业	**20.7**	**16.0**	16.7	13.6	16.8	
#实现工艺创新企业	**23.4**	**18.2**	16.7	16.0	21.6	

表 7-7　规模以上工业企业产品或工艺创新分布情况（2020 年）

项目	全国	京津冀合计	北京	天津	河北	京津冀占比（%）
开展产品或工艺创新活动企业数（个）	**208 073**	**10 129**	2051	2539	5539	**4.9**
#实现产品或工艺创新企业	**187 455**	**9116**	1748	2241	5127	**4.9**
#实现产品创新企业	**141 030**	**6505**	1389	1666	3450	**4.6**
#实现工艺创新企业	**157 286**	**7505**	1221	1892	4392	**4.8**
未开展产品或工艺创新活动企业数（个）	**191 185**	**12 248**	977	2579	8692	**6.4**
在全部企业中占比（%）						
开展产品或工艺创新活动企业	**52.1**	**45.3**	67.7	49.6	38.9	
#实现产品或工艺创新企业	**47.0**	**40.7**	57.7	43.8	36.0	
#实现产品创新企业	**35.3**	**29.1**	45.9	32.6	24.2	
#实现工艺创新企业	**39.4**	**33.5**	40.3	37.0	30.9	

表 7-8　资质等级以上建筑业企业产品或工艺创新分布情况（2020 年）

项目	全国	京津冀合计	北京	天津	河北	京津冀占比（%）
开展产品或工艺创新活动企业数（个）	**9315**	**922**	430	235	257	**9.9**
#实现产品或工艺创新企业	**8245**	**784**	349	194	241	**9.5**
#实现产品创新企业	**4342**	**395**	170	111	114	**9.1**
#实现工艺创新企业	**7768**	**745**	334	179	232	**9.6**
未开展产品或工艺创新活动企业数（个）	**49 219**	**3761**	1561	882	1318	**7.6**
在全部企业中占比（%）						
开展产品或工艺创新活动企业	**15.9**	**19.7**	21.6	21.0	16.3	
#实现产品或工艺创新企业	**14.1**	**16.7**	17.5	17.4	15.3	
#实现产品创新企业	**7.4**	**8.4**	8.5	9.9	7.2	
#实现工艺创新企业	**13.3**	**15.9**	16.8	16.0	14.7	

表 7-9　规模（限额）以上服务业企业产品或工艺创新分布情况（2020 年）

项目	全国	京津冀合计	北京	天津	河北	京津冀占比（%）
开展产品或工艺创新活动企业数（个）	**61 160**	**9175**	6822	1203	1150	**15.0**
#实现产品或工艺创新企业	**51 789**	**6468**	4562	920	986	**12.5**
#实现产品创新企业	**35 927**	**4508**	3270	596	642	**12.5**
#实现工艺创新企业	**40 030**	**4747**	3267	709	771	**11.9**
未开展产品或工艺创新活动企业数（个）	**357 071**	**35 000**	17 028	9960	8012	**9.8**
在全部企业中占比（%）						
开展产品或工艺创新活动企业	**14.6**	**20.8**	28.6	10.8	12.6	
#实现产品或工艺创新企业	**12.4**	**14.6**	19.1	8.2	10.8	
#实现产品创新企业	**8.6**	**10.2**	13.7	5.3	7.0	
#实现工艺创新企业	**9.6**	**10.7**	13.7	6.4	8.4	

表 7-10　规模以上高技术产业（制造业）产品或工艺创新分布情况（2020 年）

项目	全国	京津冀合计	北京	天津	河北	京津冀占比（%）
开展产品或工艺创新活动企业数（个）	**31 079**	**1710**	786	406	518	**5.5**
#实现产品或工艺创新企业	**28 645**	**1534**	662	373	499	**5.4**
#实现产品创新企业	**23 235**	**1219**	544	307	368	**5.2**
#实现工艺创新企业	**23 767**	**1126**	422	296	408	**4.7**
未开展产品或工艺创新活动企业数（个）	**9072**	**465**	98	142	225	**5.1**
在全部企业中占比（%）						
开展产品或工艺创新活动企业	**77.4**	**78.6**	88.9	74.1	69.7	
#实现产品或工艺创新企业	**71.3**	**70.5**	74.9	68.1	67.2	
#实现产品创新企业	**57.9**	**56.0**	61.5	56.0	49.5	
#实现工艺创新企业	**59.2**	**51.8**	47.7	54.0	54.9	

表 7-11　规模（限额）以上企业产品创新开发情况（2020 年）

项目	全国	京津冀合计	北京	天津	河北
实现产品创新企业数（个）	**181 299**	**11 408**	4829	2373	4206
在实现产品创新企业中占比（%）					
本企业独立开发	**87.8**	**86.6**	86.1	84.9	88.1
本企业与集团内企业合作开发	**6.2**	**8.9**	11.7	10.6	4.6
本企业与境内其他企业合作开发	**7.9**	**11.3**	14.9	11.2	7.1
本企业与境内研究机构合作开发	**1.4**	**2.0**	2.8	1.4	1.3
本企业与境内高等学校合作开发	**8.5**	**7.7**	7.8	8.2	7.3
本企业与境外企业或机构合作开发	**1.6**	**1.9**	2.4	2.8	0.9
在其他单位开发的基础上调整或改进	**4.5**	**4.4**	4.5	4.4	4.4
其他企业或机构开发	**3.3**	**3.4**	3.5	3.3	3.4
其他	**4.9**	**3.5**	2.1	3.9	4.9

表 7-12　规模以上工业企业产品创新开发情况（2020 年）

项目	全国	京津冀合计	北京	天津	河北
实现产品创新企业数（个）	**141 030**	**6505**	1389	1666	3450
在实现产品创新企业中占比（%）					
本企业独立开发	**92.6**	**92.1**	90.7	89.6	93.9
本企业与集团内企业合作开发	**4.6**	**6.2**	9.7	8.3	3.7
本企业与境内其他企业合作开发	**5.8**	**7.2**	9.8	8.5	5.6
本企业与境内研究机构合作开发	**1.2**	**1.4**	2.6	0.8	1.2
本企业与境内高等学校合作开发	**8.6**	**7.3**	7.3	7.5	7.2
本企业与境外企业或机构合作开发	**1.5**	**2.1**	3.5	3.3	0.9
在其他单位开发的基础上调整或改进	**3.2**	**2.8**	2.5	2.9	2.8
其他企业或机构开发	**1.5**	**1.5**	1.9	1.8	1.1
其他	**3.2**	**2.2**	0.9	2.5	2.6

表 7-13　资质等级以上建筑业企业产品创新开发情况（2020 年）

项目	全国	京津冀合计	北京	天津	河北
实现产品创新企业数（个）	**4342**	**395**	170	111	114
在实现产品创新企业中占比（%）					
本企业独立开发	**67.9**	**76.2**	81.2	80.2	64.9
本企业与集团内企业合作开发	**13.7**	**20.2**	24.1	20.7	14.0
本企业与境内其他企业合作开发	**16.7**	**22.3**	24.7	22.5	18.4
本企业与境内研究机构合作开发	**2.9**	**2.8**	3.5	1.8	2.6
本企业与境内高等学校合作开发	**16.2**	**21.2**	22.9	18.0	21.9
本企业与境外企业或机构合作开发	**1.2**	**1.0**	0.6	1.8	0.9
在其他单位开发的基础上调整或改进	**15.9**	**12.4**	12.4	10.8	14.0
其他企业或机构开发	**12.3**	**7.1**	8.2	5.4	7.0
其他	**13.7**	**7.8**	2.9	7.2	15.8

表 7-14　规模（限额）以上服务业企业产品创新开发情况（2020 年）

项目	全国	京津冀合计	北京	天津	河北
实现产品创新企业数（个）	**35 927**	**4508**	3270	596	642
在实现产品创新企业中占比（%）					
本企业独立开发	**71.4**	**79.5**	84.4	72.8	60.7
本企业与集团内企业合作开发	**11.5**	**11.8**	12.0	14.9	7.9
本企业与境内其他企业合作开发	**14.9**	**16.0**	16.5	16.6	12.9
本企业与境内研究机构合作开发	**2.0**	**2.6**	2.8	2.9	1.6
本企业与境内高等学校合作开发	**7.1**	**7.0**	7.2	8.4	5.0
本企业与境外企业或机构合作开发	**2.1**	**1.8**	2.0	1.7	0.8
在其他单位开发的基础上调整或改进	**8.1**	**6.1**	4.9	7.2	10.9
其他企业或机构开发	**9.2**	**6.0**	4.0	7.2	14.8
其他	**10.7**	**4.9**	2.5	7.2	15.3

表 7-15　规模以上高技术产业（制造业）产品创新开发情况（2020 年）

项目	全国	京津冀合计	北京	天津	河北
实现产品创新企业数（个）	**23 235**	**1219**	544	307	368
在实现产品创新企业中占比（%）					
本企业独立开发	**92.5**	**91.4**	91.5	88.9	93.5
本企业与集团内企业合作开发	**6.6**	**7.1**	6.3	9.4	6.5
本企业与境内其他企业合作开发	**8.6**	**11.0**	10.5	14.3	9.0
本企业与境内研究机构合作开发	**1.7**	**1.6**	1.8	1.0	1.9
本企业与境内高等学校合作开发	**9.7**	**7.4**	5.7	9.4	8.4
本企业与境外企业或机构合作开发	**2.2**	**2.5**	2.4	4.2	1.4
在其他单位开发的基础上调整或改进	**3.4**	**2.6**	2.4	2.9	2.2
其他企业或机构开发	**1.7**	**1.9**	2.2	1.6	1.6
其他	**2.9**	**1.5**	0.9	3.6	0.8

表 7-16　规模（限额）以上企业工艺创新开发情况（2020 年）

项目	全国	京津冀合计	北京	天津	河北
实现工艺创新企业数（个）	**205 084**	**12 997**	4822	2780	5395
在实现工艺创新企业中占比（%）					
本企业独立开发	**80.2**	**76.3**	73.1	76.0	79.4
本企业与集团内企业合作开发	**6.8**	**8.9**	12.6	10.4	4.8
本企业与境内其他企业合作开发	**9.2**	**12.2**	16.6	12.6	8.0
本企业与境内研究机构合作开发	**1.4**	**1.5**	1.9	1.1	1.3
本企业与境内高等学校合作开发	**7.9**	**6.8**	7.0	7.0	6.5
本企业与境外企业或机构合作开发	**1.3**	**1.5**	2.2	2.1	0.6
在其他单位开发的基础上调整或改进	**6.9**	**7.3**	8.9	6.8	6.2
其他企业或机构开发	**7.4**	**10.0**	13.3	8.0	8.1
其他	**7.1**	**5.6**	3.5	5.9	7.3

表 7-17　规模以上工业企业工艺创新开发情况（2020 年）

项目	全国	京津冀合计	北京	天津	河北
实现工艺创新企业数（个）	**157 286**	**7505**	1221	1892	4392
在实现工艺创新企业中占比（%）					
本企业独立开发	**87.0**	**85.3**	85.7	83.1	86.2
本企业与集团内企业合作开发	**5.4**	**6.4**	10.6	8.8	4.2
本企业与境内其他企业合作开发	**7.6**	**9.0**	13.5	10.6	7.1
本企业与境内研究机构合作开发	**1.2**	**1.2**	1.8	0.8	1.2
本企业与境内高等学校合作开发	**8.2**	**6.5**	6.4	6.4	6.6
本企业与境外企业或机构合作开发	**1.2**	**1.6**	3.4	2.6	0.6
在其他单位开发的基础上调整或改进	**5.2**	**4.8**	5.4	5.0	4.5
其他企业或机构开发	**4.2**	**5.0**	6.6	5.0	4.5
其他	**5.2**	**4.7**	2.0	4.6	5.5

表 7-18　资质等级以上建筑业企业工艺创新开发情况（2020 年）

项目	全国	京津冀合计	北京	天津	河北
实现工艺创新企业数（个）	**7768**	**745**	334	179	232
在实现工艺创新企业中占比（%）					
本企业独立开发	**61.5**	**72.5**	81.4	78.8	54.7
本企业与集团内企业合作开发	**11.0**	**13.6**	18.6	13.4	6.5
本企业与境内其他企业合作开发	**14.1**	**18.2**	21.0	19.0	13.4
本企业与境内研究机构合作开发	**2.2**	**2.2**	2.7	1.1	2.2
本企业与境内高等学校合作开发	**14.6**	**17.7**	21.0	18.4	12.5
本企业与境外企业或机构合作开发	**0.9**	**1.1**	1.5	0.6	0.9
在其他单位开发的基础上调整或改进	**16.7**	**15.3**	14.1	14.5	17.7
其他企业或机构开发	**16.0**	**10.9**	7.5	7.8	18.1
其他	**14.7**	**8.3**	2.1	6.1	19.0

表 7-19　规模（限额）以上服务业企业工艺创新开发情况（2020 年）

项目	全国	京津冀合计	北京	天津	河北
实现工艺创新企业数（个）	**40 030**	**4747**	3267	709	771
在实现工艺创新企业中占比（%）					
本企业独立开发	**57.0**	**62.7**	67.5	56.4	48.4
本企业与集团内企业合作开发	**11.3**	**12.1**	12.8	13.7	7.5
本企业与境内其他企业合作开发	**14.6**	**16.3**	17.4	16.2	11.7
本企业与境内研究机构合作开发	**1.6**	**1.9**	1.9	1.7	1.8
本企业与境内高等学校合作开发	**5.6**	**5.6**	5.8	5.8	4.4
本企业与境外企业或机构合作开发	**1.7**	**1.6**	1.9	1.0	0.8
在其他单位开发的基础上调整或改进	**11.5**	**10.1**	9.6	9.7	12.8
其他企业或机构开发	**18.6**	**17.8**	16.4	16.2	25.2
其他	**13.2**	**6.6**	4.2	9.2	14.4

表 7-20　规模以上高技术产业（制造业）工艺创新开发情况（2020 年）

项目	全国	京津冀合计	北京	天津	河北
实现工艺创新企业数（个）	**23 767**	**1126**	422	296	408
在实现工艺创新企业中占比（%）					
本企业独立开发	**87.5**	**86.8**	84.8	84.8	90.2
本企业与集团内企业合作开发	**7.4**	**7.7**	8.1	9.8	5.9
本企业与境内其他企业合作开发	**10.7**	**11.8**	13.5	12.2	9.8
本企业与境内研究机构合作开发	**1.7**	**2.0**	1.4	2.0	2.7
本企业与境内高等学校合作开发	**9.5**	**7.5**	5.7	7.4	9.3
本企业与境外企业或机构合作开发	**1.9**	**2.8**	3.8	3.7	1.0
在其他单位开发的基础上调整或改进	**5.5**	**4.2**	5.2	4.7	2.7
其他企业或机构开发	**4.4**	**5.0**	6.4	4.7	3.9
其他	**4.7**	**3.3**	2.4	4.7	3.2

表 7-21　规模（限额）以上企业新产品情况（2020 年）

项目	全国	京津冀合计	北京	天津	河北
实现产品创新企业数（个）	**181 299**	**11 408**	4829	2373	4206
在实现产品创新企业中占比（%）					
有市场新产品的企业	**59.4**	**57.4**	55.4	62.2	56.9
有本企业新产品的企业	**100.0**	**100.0**	100.0	100.0	100.0
新产品销售收入（亿元）	**390 032.5**	**43 125.4**	24 209.2	8505.6	10 410.6
新产品销售收入占营业收入的比重（%）	**16.9**	**15.8**	16.6	14.1	15.7
仅市场新的产品	**6.8**	**5.4**	5.8	4.6	5.1
仅本企业新的产品	**10.1**	**10.5**	10.8	9.5	10.6

表 7-22　规模以上工业企业新产品情况（2020 年）

项目	全国	京津冀合计	北京	天津	河北
实现产品创新企业数（个）	**141 030**	**6505**	1389	1666	3450
在实现产品创新企业中占比（%）					
有国际市场新产品的企业	**18.8**	**15.4**	13.6	19.1	14.4
有国内市场新产品的企业	**59.2**	**59.3**	62.3	63.1	56.3
有本企业新产品的企业	**100.0**	**100.0**	100.0	100.0	100.0
新产品销售收入（亿元）	**238 073.7**	**16 427.9**	5344.9	3892.0	7191.0
新产品销售收入占营业收入的比重（%）	**22.0**	**19.2**	22.9	20.5	16.7
仅国际市场新的产品	**2.7**	**2.5**	5.2	2.7	1.0
仅国内市场新的产品	**7.3**	**5.3**	7.6	4.7	4.4
仅本企业新的产品	**12.1**	**11.4**	10.2	13.1	11.3

表 7-23　资质等级以上建筑业企业新产品情况（2020 年）

项目	全国	京津冀合计	北京	天津	河北
实现产品创新企业数（个）	**4342**	**395**	170	111	114
在实现产品创新企业中占比（%）					
有市场新产品的企业	**66.8**	**65.1**	62.9	63.1	70.2
有本企业新产品的企业	**100.0**	**100.0**	100.0	100.0	100.0
新产品销售收入（亿元）	**59 484.1**	**8740.0**	5544.7	1690.2	1505.1
新产品销售收入占营业收入的比重（%）	**27.2**	**34.0**	34.1	38.9	29.6
仅市场新的产品	**9.4**	**9.9**	9.2	11.8	10.5
仅本企业新的产品	**17.8**	**24.1**	24.9	27.1	19.1

表 7-24　规模（限额）以上服务业企业新产品情况（2020 年）

项目	全国	京津冀合计	北京	天津	河北
实现产品创新企业数（个）	**35 927**	**4508**	3270	596	642
在实现产品创新企业中占比（%）					
有市场新产品的企业	**59.2**	**53.7**	52.0	59.4	57.3
有本企业新产品的企业	**100.0**	**100.0**	100.0	100.0	100.0
新产品销售收入（亿元）	**92 474.7**	**17 957.4**	13 319.5	2923.4	1714.5
新产品销售收入占营业收入的比重（%）	**9.1**	**11.2**	12.6	7.9	9.4
仅市场新的产品	**2.8**	**3.3**	3.8	2.3	3.0
仅本企业新的产品	**6.3**	**7.8**	8.8	5.6	6.4

表 7-25　规模以上高技术产业（制造业）新产品情况（2020 年）

项目	全国	京津冀合计	北京	天津	河北
实现产品创新企业数（个）	**23 235**	**1219**	544	307	368
在实现产品创新企业中占比（%）					
有国际市场新产品的企业	**23.8**	**16.4**	14.3	20.5	16.0
有国内市场新产品的企业	**64.7**	**60.9**	59.7	62.9	61.1
有本企业新产品的企业	**100.0**	**100.0**	100.0	100.0	100.0
新产品销售收入（亿元）	**68 549.1**	**4147.5**	2487.5	944.1	715.9
新产品销售收入占营业收入的比重（%）	**39.4**	**37.8**	39.2	32.3	42.2
仅国际市场新的产品	**9.5**	**12.3**	14.3	10.9	7.0
仅国内市场新的产品	**12.6**	**11.6**	12.3	7.8	15.7
仅本企业新的产品	**17.3**	**13.9**	12.6	13.6	19.5

表 7-26　资质等级以上建筑业企业工艺创新新颖度类别情况（2020 年）

项目	全国	京津冀合计	北京	天津	河北
实现工艺创新企业数（个）	**7768**	**745**	334	179	232
在实现工艺创新企业中占比（%）					
有市场新工艺的企业	**61.2**	**56.2**	52.1	55.3	62.9
有本企业新工艺的企业	**100.0**	**100.0**	100.0	100.0	100.0
工艺创新贡献的营业收入（亿元）	**88 066.8**	**11 807.9**	7691.9	2110.3	2005.7
工艺创新贡献的营业收入的比重（%）	**40.3**	**46.0**	47.3	48.6	39.4
仅市场新的工艺	**12.7**	**13.6**	14.1	12.3	13.1
仅本企业新的工艺	**27.6**	**32.4**	33.2	36.3	26.3

表 7-27　规模（限额）以上企业产品或工艺创新活动类型（2020 年）

项目	全国	京津冀合计	北京	天津	河北
开展产品或工艺创新活动企业数（个）	**278 548**	**20 226**	9303	3977	6946
在开展产品或工艺创新活动企业中占比（%）					
内部研发	**62.6**	**45.4**	38.3	51.3	51.4
外部研发	**8.7**	**9.4**	11.7	9.0	6.5
获得机器设备和软件	**52.7**	**40.3**	32.0	39.4	51.9
从外部获得相关技术	**1.2**	**4.7**	6.7	3.7	2.5
相关培训	**36.1**	**36.2**	36.7	41.7	32.5
市场推介	**17.1**	**17.1**	17.9	18.0	15.5
相关设计	**17.1**	**13.8**	12.9	16.1	13.6
其他创新活动	**22.9**	**24.5**	26.6	28.4	19.5

表 7-28　规模以上工业企业产品或工艺创新活动类型（2020 年）

项目	全国	京津冀合计	北京	天津	河北
开展产品或工艺创新活动企业数（个）	**208 073**	**10 129**	2051	2539	5539
在开展产品或工艺创新活动企业中占比（%）					
内部研发	**70.5**	**57.1**	58.6	56.9	56.6
外部研发	**7.9**	**8.2**	14.5	7.6	6.2
获得机器设备和软件	**62.6**	**59.4**	73.7	48.8	59.0
从外部获得相关技术	**1.6**	**1.6**	2.7	1.1	1.4
相关培训	**34.8**	**36.5**	44.8	42.6	30.7
市场推介	**16.2**	**18.1**	26.5	19.4	14.4
相关设计	**18.9**	**18.6**	25.2	20.8	15.2
其他创新活动	**22.4**	**24.7**	35.0	30.0	18.5

表 7-29 资质等级以上建筑业企业产品或工艺创新活动类型（2020 年）

项目	全国	京津冀合计	北京	天津	河北
开展产品或工艺创新活动企业数（个）	**9315**	**922**	430	235	257
在开展产品或工艺创新活动企业中占比（%）					
内部研发	**46.2**	**47.6**	46.0	63.8	35.4
外部研发	**11.5**	**12.7**	13.3	12.3	12.1
获得机器设备和软件	**32.4**	**32.3**	31.4	33.2	33.1
从外部获得相关技术	**11.2**	**10.5**	11.6	10.6	8.6
相关培训	**47.5**	**49.8**	53.3	47.2	46.3
市场推介	**21.8**	**19.4**	17.2	16.6	25.7
相关设计	**6.4**	**5.8**	6.3	4.3	6.2
其他创新活动	**28.1**	**31.7**	29.5	33.2	33.9

表 7-30 规模（限额）以上服务业企业产品或工艺创新活动类型（2020 年）

项目	全国	京津冀合计	北京	天津	河北
开展产品或工艺创新活动企业数（个）	**61 160**	**9175**	6822	1203	1150
在开展产品或工艺创新活动企业中占比（%）					
内部研发	**38.4**	**32.2**	31.8	37.2	29.9
外部研发	**11.0**	**10.2**	10.7	11.3	6.4
获得机器设备和软件	**22.2**	**20.1**	19.6	20.9	22.3
从外部获得相关技术	**9.0**	**7.5**	7.6	7.9	6.4
相关培训	**38.8**	**34.6**	33.3	38.8	38.3
市场推介	**19.5**	**15.7**	15.3	15.4	18.5
相关设计	**12.5**	**9.3**	9.7	8.3	7.7
其他创新活动	**23.8**	**23.6**	23.9	24.2	21.1

表 7-31　规模以上高技术产业（制造业）产品或工艺创新活动类型（2020 年）

项目	全国	京津冀合计	北京	天津	河北
开展产品或工艺创新活动企业数（个）	**31 079**	**1710**	786	406	518
在开展产品或工艺创新活动企业中占比（%）					
内部研发	**76.0**	**68.0**	64.9	69.7	71.4
外部研发	**14.8**	**19.8**	21.6	16.3	19.7
获得机器设备和软件	**66.2**	**68.2**	76.0	54.7	67.0
从外部获得相关技术	**2.4**	**2.7**	2.5	2.5	3.3
相关培训	**44.3**	**44.4**	44.7	50.0	39.4
市场推介	**22.3**	**25.6**	29.4	26.6	18.9
相关设计	**26.1**	**25.9**	28.5	25.4	22.4
其他创新活动	**31.1**	**34.8**	37.0	39.9	27.4

表 7-32　规模以上工业企业创新费用支出情况（2020 年）

项目	全国	京津冀合计	北京	天津	河北	京津冀占比（%）
创新费用支出合计（亿元）	**24 671.5**	**1618.7**	550.4	327.6	740.7	**6.6**
内部研发经费支出	**15 271.3**	**1011.7**	297.4	228.8	485.5	**6.6**
所占比重（%）	**61.9**	**62.5**	54.0	69.8	65.5	
外部研发经费支出	**1008.5**	**73.0**	39.9	14.1	19.0	**7.2**
所占比重（%）	**4.1**	**4.5**	7.2	4.3	2.6	
获得机器设备和软件经费支出	**7475.0**	**477.5**	174.1	75.8	227.6	**6.4**
所占比重（%）	**30.3**	**29.5**	31.6	23.1	30.7	
从外部获得相关技术经费支出	**916.7**	**56.5**	39.0	8.9	8.6	**6.2**
所占比重（%）	**3.7**	**3.5**	7.1	2.7	1.2	

表 7-33 规模以上高技术产业（制造业）创新费用支出情况（2020 年）

项目	全国	京津冀合计	北京	天津	河北	京津冀占比（%）
创新费用支出合计（亿元）	**7414.5**	**448.3**	271.8	89.2	87.3	**6.0**
内部研发经费支出	**4649.1**	**282.7**	158.0	66.2	58.5	**6.1**
所占比重（%）	**62.7**	**63.1**	58.1	74.2	67.0	
外部研发经费支出	**563.2**	**49.3**	30.1	10.4	8.8	**8.8**
所占比重（%）	**7.6**	**11.0**	11.1	11.7	10.1	
获得机器设备和软件经费支出	**1769.6**	**87.4**	59.7	12.4	15.3	**4.9**
所占比重（%）	**23.9**	**19.5**	22.0	13.9	17.5	
从外部获得相关技术经费支出	**432.6**	**28.9**	24.0	0.2	4.7	**6.7**
所占比重（%）	**5.8**	**6.4**	8.8	0.2	5.4	

表 7-34 规模（限额）以上企业产品或工艺创新信息来源情况（2020 年）

项目	全国	京津冀合计	北京	天津	河北
开展产品或工艺创新活动企业数（个）	**278 548**	**20 226**	9303	3977	6946
在开展产品或工艺创新活动企业中占比（%）					
企业内部信息	**43.3**	**40.4**	38.1	40.9	43.3
企业集团内部信息	**11.9**	**15.8**	17.2	20.1	11.4
来自高等学校的信息	**7.5**	**6.5**	5.8	6.4	7.5
来自研究机构的信息	**9.8**	**9.5**	9.2	8.3	10.6
来自政府部门的信息	**16.0**	**18.4**	20.0	17.3	16.8
来自行业协会的信息	**18.8**	**18.5**	19.3	19.5	16.9
来自供应商的信息	**21.0**	**17.0**	12.9	19.8	20.9
来自客户的信息	**46.4**	**46.9**	48.3	50.5	43.1
来自竞争对手或同行业企业的信息	**23.1**	**24.2**	26.5	25.8	20.1
来自市场咨询机构的信息	**7.4**	**7.6**	8.3	8.1	6.3
来自展会的信息	**14.4**	**11.5**	8.4	12.5	15.0
来自文献、期刊的信息	**3.4**	**4.0**	4.4	4.0	3.5
来自互联网的信息	**13.2**	**14.4**	15.0	13.0	14.5
其他	**6.0**	**4.5**	2.7	3.9	7.3

表 7-35　规模以上工业企业产品或工艺创新信息来源情况（2020 年）

项目	全国	京津冀合计	北京	天津	河北
开展产品或工艺创新活动企业数（个）	**208 073**	**10 129**	2051	2539	5539
在开展产品或工艺创新活动企业中占比（%）					
企业内部信息	**43.9**	**42.3**	37.3	41.4	44.6
企业集团内部信息	**10.0**	**13.6**	17.7	18.4	9.8
来自高等学校的信息	**7.6**	**7.0**	6.1	6.3	7.6
来自研究机构的信息	**10.5**	**10.6**	11.4	8.3	11.4
来自政府部门的信息	**13.4**	**14.8**	15.5	13.9	14.9
来自行业协会的信息	**18.1**	**18.0**	20.2	19.1	16.6
来自供应商的信息	**22.5**	**21.0**	17.6	22.4	21.7
来自客户的信息	**48.1**	**50.1**	57.6	55.1	45.0
来自竞争对手或同行业企业的信息	**23.0**	**24.6**	32.8	27.1	20.4
来自市场咨询机构的信息	**6.6**	**6.5**	6.9	7.4	5.9
来自展会的信息	**16.6**	**16.2**	16.0	15.0	16.9
来自文献、期刊的信息	**3.1**	**3.8**	4.9	3.9	3.4
来自互联网的信息	**10.9**	**11.4**	10.0	10.6	12.2
其他	**5.3**	**5.0**	1.9	3.7	6.7

表 7-36　规模（限额）以上企业产品或工艺创新合作开展情况（2020 年）

项目	全国	京津冀合计	北京	天津	河北
开展创新合作的企业数（个）	**187 696**	**12 417**	5442	2518	4457
创新合作企业占全部企业的比重（%）	**21.4**	**17.5**	18.9	14.5	17.9
在创新合作企业中，与下列伙伴开展合作的企业占比（%）					
集团内其他企业	**28.5**	**35.3**	41.9	39.4	25.0
高等学校	**28.0**	**28.8**	29.2	28.3	28.7
研究机构	**15.6**	**18.1**	20.0	14.5	17.8
政府部门	**10.1**	**12.0**	14.0	9.4	11.0
行业协会	**19.2**	**18.0**	18.8	15.9	18.2
供应商	**38.7**	**34.8**	31.5	39.6	36.2
客户	**44.3**	**40.5**	41.3	42.5	38.5
竞争对手或同行业企业	**15.4**	**14.7**	16.4	14.3	12.8
市场咨询机构	**13.2**	**12.0**	13.5	13.0	9.6
风险投资机构	**0.7**	**0.7**	1.0	0.6	0.4
其他合作对象	**15.9**	**14.0**	14.1	12.0	15.1

表 7-37　规模以上工业企业产品或工艺创新合作开展情况（2020 年）

项目	全国	京津冀合计	北京	天津	河北
开展创新合作的企业数（个）	**138 582**	**6483**	1341	1606	3536
创新合作企业占全部企业的比重（%）	**34.7**	**28.9**	44.3	31.4	24.8
在创新合作企业中，与下列伙伴开展合作的企业占比（%）					
集团内其他企业	**25.5**	**29.7**	39.2	36.6	22.9
高等学校	**28.8**	**30.6**	35.2	29.6	29.4
研究机构	**16.1**	**19.1**	25.7	15.0	18.4
政府部门	**8.0**	**8.9**	9.8	7.0	9.4
行业协会	**18.1**	**17.0**	18.0	14.4	17.8
供应商	**40.8**	**39.1**	38.6	43.2	37.4
客户	**45.8**	**41.2**	41.2	46.1	39.0
竞争对手或同行业企业	**14.4**	**13.0**	14.0	13.2	12.5
市场咨询机构	**12.2**	**9.7**	10.7	11.3	8.6
风险投资机构	**0.5**	**0.3**	0.4	0.3	0.3
其他合作对象	**14.0**	**12.3**	9.8	10.3	14.2

表 7-38　规模（限额）以上企业产品或工艺创新合作伙伴情况（2020 年）

项目	全国	京津冀合计	北京	天津	河北
开展创新合作的企业数（个）	**187 696**	**12 417**	5442	2518	4457
在创新合作企业中，下列合作伙伴对企业创新有较大价值的企业占比（%）					
集团内其他企业	**24.0**	**30.1**	35.7	33.8	21.2
高等学校	**23.3**	**24.1**	23.9	23.7	24.7
研究机构	**12.7**	**14.7**	16.0	11.5	15.0
政府部门	**8.2**	**9.8**	11.3	7.4	9.2
行业协会	**15.2**	**13.8**	14.0	11.8	14.7
供应商	**33.4**	**29.6**	26.6	34.0	30.8
客户	**41.2**	**37.8**	38.6	40.0	35.5
竞争对手或同行业企业	**12.9**	**12.2**	14.0	11.3	10.5
市场咨询机构	**10.4**	**9.2**	10.5	9.8	7.3
风险投资机构	**0.3**	**0.4**	0.6	0.2	0.2
其他合作对象	**12.0**	**10.7**	10.8	8.6	11.9

表 7-39　规模以上工业企业产品或工艺创新合作伙伴情况（2020 年）

项目	全国	京津冀合计	北京	天津	河北
开展创新合作的企业数（个）	**138 582**	**6483**	1341	1606	3536
在创新合作企业中，下列合作伙伴对企业创新有较大价值的企业占比（%）					
集团内其他企业	**21.6**	**25.3**	32.8	31.8	19.5
高等学校	**24.4**	**25.9**	28.0	25.0	25.5
研究机构	**13.5**	**15.8**	20.3	12.0	15.9
政府部门	**6.3**	**7.1**	7.2	5.4	7.8
行业协会	**14.5**	**13.3**	13.3	10.6	14.6
供应商	**35.4**	**33.5**	33.1	37.2	32.0
客户	**42.8**	**38.5**	38.7	43.8	36.1
竞争对手或同行业企业	**12.1**	**10.6**	11.9	10.3	10.3
市场咨询机构	**9.7**	**7.4**	8.2	8.0	6.8
风险投资机构	**0.2**	**0.2**	0.2	0.1	0.2
其他合作对象	**10.6**	**9.5**	7.3	7.5	11.2

表 7-40　规模（限额）以上企业产学研合作形式（2020 年）

项目	全国	京津冀合计	北京	天津	河北
开展产学研合作的企业数（个）	**64 483**	**4463**	1999	837	1627
在创新合作企业中产学研合作企业占比（%）	**34.4**	**35.9**	36.7	33.2	36.5
在产学研合作企业中，以下列为主要合作形式的企业占比（%）					
共同完成科研项目	**68.2**	**74.1**	79.9	78.4	64.7
在企业建立研发机构	**25.1**	**22.0**	18.1	22.6	26.6
在高等学校或研究机构中设立研发机构	**9.7**	**9.0**	9.9	7.6	8.5
聘用高等学校或研究机构人员到企业兼职	**30.0**	**24.0**	22.3	25.8	25.2
其他形式	**28.6**	**25.7**	22.4	25.2	30.1

表 7-41　规模以上工业企业产学研合作形式（2020 年）

项目	全国	京津冀合计	北京	天津	河北
开展产学研合作的企业数（个）	**49 536**	**2512**	616	560	1336
在创新合作企业中产学研合作企业占比（%）	**35.7**	**38.8**	45.9	34.9	37.8
在产学研合作企业中，以下列为主要合作形式的企业占比（%）					
共同完成科研项目	**67.6**	**71.1**	80.2	78.6	63.8
在企业建立研发机构	**24.7**	**22.0**	15.1	20.7	25.7
在高等学校或研究机构中设立研发机构	**8.7**	**7.8**	8.3	7.3	7.8
聘用高等学校或研究机构人员到企业兼职	**29.6**	**22.8**	18.2	24.6	24.2
其他形式	**27.7**	**26.0**	21.1	24.3	29.0

表 7-42　规模（限额）以上企业产品或工艺创新活动阻碍因素情况（2020 年）

项目	全国	京津冀合计	北京	天津	河北
在全部企业中，下列各项是创新主要阻碍因素的企业占比（%）					
缺乏内部资金	**10.5**	**8.9**	8.5	8.7	9.5
缺乏风险投资	**7.0**	**5.6**	5.4	5.7	5.9
缺乏银行贷款	**9.9**	**8.9**	7.4	9.0	10.7
创新成本过高	**20.5**	**17.7**	20.1	15.3	16.7
缺乏人才或人才流失	**28.8**	**25.1**	26.0	19.8	27.7
缺乏技术信息	**17.2**	**14.0**	12.7	11.5	17.2
缺乏市场信息	**10.2**	**9.6**	9.3	8.8	10.5
难以找到创新合作伙伴	**6.6**	**5.6**	6.3	4.7	5.3
市场已被占领	**3.0**	**2.6**	2.9	2.5	2.2
不能确定市场需求	**12.4**	**11.0**	11.5	9.6	11.3
创新成果易被低成本模仿	**5.5**	**4.8**	5.4	4.1	4.5
没有创新的必要	**17.1**	**17.8**	16.5	18.7	18.5

表 7-43　规模以上工业企业产品或工艺创新活动阻碍因素情况（2020 年）

项目	全国	京津冀合计	北京	天津	河北
在全部企业中，下列各项是创新主要阻碍因素的企业占比（%）					
缺乏内部资金	**11.5**	**10.1**	10.1	9.7	10.2
缺乏风险投资	**7.7**	**6.4**	5.4	5.9	6.8
缺乏银行贷款	**11.9**	**12.2**	9.6	11.4	13.1
创新成本过高	**27.6**	**24.5**	35.1	26.4	21.6
缺乏人才或人才流失	**37.7**	**33.8**	42.4	31.0	33.0
缺乏技术信息	**23.7**	**21.0**	21.3	19.9	21.7
缺乏市场信息	**11.1**	**11.1**	11.6	10.6	11.1
难以找到创新合作伙伴	**7.1**	**5.8**	7.7	5.3	5.6
市场已被占领	**2.7**	**2.3**	3.7	2.7	1.9
不能确定市场需求	**15.2**	**13.8**	16.5	13.7	13.3
创新成果易被低成本模仿	**8.2**	**7.5**	12.1	8.0	6.3
没有创新的必要	**12.6**	**14.4**	10.3	13.7	15.5

表 7-44　规模（限额）以上企业知识产权及相关情况（2020 年）

项目	全国	京津冀合计	北京	天津	河北
采取了知识产权保护或相关措施的企业数（个）	**462 317**	**33 084**	13 503	7641	11 940
采取了知识产权保护或相关措施的企业占全部企业的比重（%）	**52.8**	**46.4**	46.8	43.9	47.8
在全部企业中，采取下列知识产权保护或相关措施的企业占比（%）					
申请了发明专利	**7.7**	**7.0**	9.1	5.5	5.7
申请了实用新型或外观设计专利	**10.5**	**8.9**	9.2	8.7	8.7
申请了注册商标	**10.4**	**8.4**	10.1	5.8	8.4
进行了版权登记	**3.1**	**4.4**	8.3	2.3	1.5
形成了国家或行业技术标准	**5.6**	**4.6**	4.9	4.7	4.2
对技术秘密进行内部保护	**12.3**	**11.4**	12.7	10.3	10.7
应用了难以复制的复杂技术	**2.6**	**1.9**	2.1	1.9	1.7
发挥了时间上的先发优势	**20.7**	**17.3**	13.9	18.0	20.8
年末拥有有效发明专利数（件）	**1 829 140**	**253 991**	188 151	33 018	32 822

表 7-45　规模以上工业企业知识产权及相关情况（2020 年）

项目	全国	京津冀合计	北京	天津	河北
采取了知识产权保护或相关措施的企业数（个）	**265 613**	**13 538**	2186	3425	7927
采取了知识产权保护或相关措施的企业占全部企业的比重（%）	**66.5**	**60.5**	72.2	66.9	55.7
在全部企业中，采取下列知识产权保护或相关措施的企业占比（%）					
申请了发明专利	**14.2**	**12.9**	30.1	14.1	8.8
申请了实用新型或外观设计专利	**20.3**	**18.8**	34.8	23.5	13.7
申请了注册商标	**14.6**	**12.1**	13.8	10.9	12.2
进行了版权登记	**3.0**	**2.7**	7.2	3.0	1.6
形成了国家或行业技术标准	**7.7**	**6.5**	10.3	8.6	4.9
对技术秘密进行内部保护	**18.6**	**18.1**	28.4	21.5	14.7
应用了难以复制的复杂技术	**3.6**	**2.8**	4.4	3.7	2.1
发挥了时间上的先发优势	**18.9**	**17.1**	12.9	15.7	18.5
年末拥有有效发明专利数（件）	**1 447 950**	**108 341**	55 261	24 945	28 135
对主要的主营产品拥有品牌所有权的企业占全部企业的比重（%）	**33.2**	**34.9**	49.8	33.7	32.2
# 该品牌由本企业独立开发的企业占全部企业的比重	**30.4**	**31.7**	46.1	29.8	29.3

表 7-46　规模（限额）以上企业组织或营销创新情况（2020 年）

项目	全国	京津冀合计	北京	天津	河北	京津冀占比（%）
实现组织或营销创新企业数（个）	**282 960**	**20 374**	8368	4514	7492	**7.2**
#实现组织创新企业	**223 824**	**16 030**	6456	3606	5968	**7.2**
#实现营销创新企业	**208 682**	**13 723**	5420	2892	5411	**6.6**
在全部企业中占比（%）						
实现组织或营销创新企业	**32.3**	**28.6**	29.0	25.9	30.0	
#实现组织创新企业	**25.6**	**22.5**	22.4	20.7	23.9	
#实现营销创新企业	**23.8**	**19.3**	18.8	16.6	21.7	
#同时实现组织和营销创新企业	**17.1**	**13.2**	12.2	11.4	15.6	
#仅实现组织创新企业	**8.5**	**9.3**	10.2	9.3	8.3	
#仅实现营销创新企业	**6.8**	**6.1**	6.6	5.2	6.1	

表 7-47　规模以上工业企业组织或营销创新情况（2020 年）

项目	全国	京津冀合计	北京	天津	河北	京津冀占比（%）
实现组织或营销创新企业数（个）	**160 982**	**8150**	1270	1973	4907	**5.1**
#实现组织创新企业	**127 313**	**6478**	967	1616	3895	**5.1**
#实现营销创新企业	**125 298**	**6008**	876	1380	3752	**4.8**
在全部企业中占比（%）						
实现组织或营销创新企业	**40.3**	**36.4**	41.9	38.6	34.5	
#实现组织创新企业	**31.9**	**29.0**	31.9	31.6	27.4	
#实现营销创新企业	**31.4**	**26.9**	28.9	27.0	26.4	
#同时实现组织和营销创新企业	**23.0**	**19.4**	18.9	20.0	19.3	
#仅实现组织创新企业	**8.9**	**9.6**	13.0	11.6	8.1	
#仅实现营销创新企业	**8.4**	**7.5**	10.0	7.0	7.1	

表 7-48　资质等级以上建筑业企业组织或营销创新情况（2020 年）

项目	全国	京津冀合计	北京	天津	河北	京津冀占比（%）
实现组织或营销创新企业数（个）	**14 595**	**1112**	429	292	391	**7.6**
# 实现组织创新企业	**13 706**	**1031**	394	272	365	**7.5**
# 实现营销创新企业	**6128**	**422**	170	105	147	**6.9**
在全部企业中占比（%）						
实现组织或营销创新企业	**24.9**	**23.7**	21.5	26.1	24.8	
# 实现组织创新企业	**23.4**	**22.0**	19.8	24.4	23.2	
# 实现营销创新企业	**10.5**	**9.0**	8.5	9.4	9.3	
# 同时实现组织和营销创新企业	**9.0**	**7.3**	6.8	7.6	7.7	
# 仅实现组织创新企业	**14.5**	**14.7**	13.0	16.7	15.5	
# 仅实现营销创新企业	**1.5**	**1.8**	1.8	1.8	1.7	

表 7-49　规模（限额）以上服务业企业组织或营销创新情况（2020 年）

项目	全国	京津冀合计	北京	天津	河北	京津冀占比（%）
实现组织或营销创新企业数（个）	**107 383**	**11 112**	6669	2249	2194	**10.3**
# 实现组织创新企业	**82 805**	**8521**	5095	1718	1708	**10.3**
# 实现营销创新企业	**77 256**	**7293**	4374	1407	1512	**9.4**
在全部企业中占比（%）						
实现组织或营销创新企业	**25.7**	**25.2**	28.0	20.1	23.9	
# 实现组织创新企业	**19.8**	**19.3**	21.4	15.4	18.6	
# 实现营销创新企业	**18.5**	**16.5**	18.3	12.6	16.5	
# 同时实现组织和营销创新企业	**12.6**	**10.6**	11.7	7.8	11.2	
# 仅实现组织创新企业	**7.2**	**8.6**	9.6	7.5	7.4	
# 仅实现营销创新企业	**5.9**	**5.9**	6.6	4.8	5.3	

表 7-50　规模以上高技术产业（制造业）组织或营销创新情况（2020 年）

项目	全国	京津冀合计	北京	天津	河北	京津冀占比（%）
实现组织或营销创新企业数（个）	**23 282**	**1156**	462	289	405	**5.0**
# 实现组织创新企业	**18 797**	**911**	343	243	325	**4.8**
# 实现营销创新企业	**18 331**	**859**	334	196	329	**4.7**
在全部企业中占比（%）						
实现组织或营销创新企业	**58.0**	**53.2**	52.3	52.7	54.5	
# 实现组织创新企业	**46.8**	**41.9**	38.8	44.3	43.7	
# 实现营销创新企业	**45.7**	**39.5**	37.8	35.8	44.3	
# 同时实现组织和营销创新企业	**34.5**	**28.2**	24.3	27.4	33.5	
# 仅实现组织创新企业	**12.3**	**13.7**	14.5	17.0	10.2	
# 仅实现营销创新企业	**11.2**	**11.3**	13.5	8.4	10.8	

第八部分

创新产出

表 8-1　京津冀国内发明专利申请受理数按地区分布（2015—2020 年）

单位：件

地区	2015 年	2016 年	2017 年	2018 年	2019 年	2020 年
全国	**968 251**	**1 204 981**	**1 245 709**	**1 393 815**	**1 243 568**	**1 344 817**
京津冀合计	**128 699**	**156 937**	**138 801**	**163 279**	**175 040**	**189 223**
北京	88 930	104 643	99 167	117 664	129 930	145 035
天津	28 510	38 153	25 652	26 661	24 574	22 057
河北	11 259	14 141	13 982	18 954	20 536	22 131
京津冀占比（%）	**13.3**	**13.0**	**11.1**	**11.7**	**14.1**	**14.1**

表 8-2　京津冀国内实用新型专利申请受理数按地区分布（2015—2020 年）

单位：件

地区	2015 年	2016 年	2017 年	2018 年	2019 年	2020 年
全国	**1 119 714**	**1 468 295**	**1 679 807**	**2 063 860**	**2 259 765**	**2 918 874**
京津冀合计	**124 734**	**158 338**	**161 209**	**188 213**	**201 690**	**253 567**
北京	53 243	64 496	68 400	70 507	73 021	84 579
天津	46 845	63 589	56 675	66 535	64 871	83 825
河北	24 646	30 253	36 134	51 171	63 798	85 163
京津冀占比（%）	**11.1**	**10.8**	**9.6**	**9.1**	**8.9**	**8.7**

表 8-3　京津冀国内外观设计专利申请受理数按地区分布（2015—2020 年）

单位：件

地区	2015 年	2016 年	2017 年	2018 年	2019 年	2020 年
全国	**551 481**	**631 949**	**610 817**	**689 097**	**691 771**	**752 339**
京津冀合计	**26 902**	**35 206**	**34 202**	**42 543**	**46 702**	**48 497**
北京	14 139	19 990	18 361	23 041	23 162	24 551
天津	4608	4772	4669	5842	6600	5632
河北	8155	10 444	11 172	13 660	16 940	18 314
京津冀占比（%）	**4.9**	**5.6**	**5.6**	**6.2**	**6.8**	**6.4**

表 8-4 京津冀国内发明专利申请授权数按地区分布（2015—2020 年）

单位：件

地区	2015 年	2016 年	2017 年	2018 年	2019 年	2020 年
全国	**263 436**	**302 136**	**326 970**	**345 959**	**360 919**	**440 691**
京津冀合计	**43 772**	**50 034**	**56 862**	**57 730**	**63 282**	**74 893**
北京	35 308	40 602	46 091	46 978	53 127	63 266
天津	4624	5185	5844	5626	5025	5262
河北	3840	4247	4927	5126	5130	6365
京津冀占比（%）	**16.6**	**16.6**	**17.4**	**16.7**	**17.5**	**17.0**

表 8-5 京津冀国内实用新型专利申请授权数按地区分布（2015—2020 年）

单位：件

地区	2015 年	2016 年	2017 年	2018 年	2019 年	2020 年
全国	**868 734**	**897 035**	**967 416**	**1 471 759**	**1 574 205**	**2 368 651**
京津冀合计	**93 362**	**95 518**	**100 205**	**140 112**	**147 207**	**208 023**
北京	45 773	44 710	46 011	59 219	58 393	75 336
天津	28 486	31 046	32 353	44 683	48 252	64 221
河北	19 103	19 762	21 841	36 210	40 562	68 466
京津冀占比（%）	**10.7**	**10.6**	**10.4**	**9.5**	**9.4**	**8.8**

表 8-6 京津冀国内外观设计专利申请授权数按地区分布（2015—2020 年）

单位：件

地区	2015 年	2016 年	2017 年	2018 年	2019 年	2020 年
全国	**464 807**	**429 710**	**426 442**	**517 693**	**539 282**	**711 559**
京津冀合计	**24 369**	**26 586**	**26 904**	**32 228**	**36 835**	**47 538**
北京	12 950	15 266	14 846	17 299	20 196	24 222
天津	4232	3503	3478	4371	4522	5951
河北	7187	7817	8580	10 558	12 117	17 365
京津冀占比（%）	**5.2**	**6.2**	**6.3**	**6.2**	**6.8**	**6.7**

表 8-7 京津冀国内有效发明专利数按地区分布（2015—2020 年）

单位：件

地区	2015 年	2016 年	2017 年	2018 年	2019 年	2020 年
全国	**921 757**	**1 158 203**	**1 413 911**	**1 662 269**	**1 926 122**	**2 279 123**
京津冀合计	**163 812**	**205 140**	**255 420**	**298 287**	**347 882**	**407 874**
北京	133 040	166 722	205 320	241 282	284 288	335 575
天津	18 493	22 663	28 601	32 066	34 726	38 152
河北	12 279	15 755	21 499	24 939	28 868	34 147
京津冀占比（%）	**17.8**	**17.7**	**18.1**	**17.9**	**18.1**	**17.9**

表 8-8 京津冀国内有效实用新型专利数按地区分布（2015—2020 年）

单位：件

地区	2015 年	2016 年	2017 年	2018 年	2019 年	2020 年
全国	**2 700 833**	**3 118 410**	**3 563 389**	**4 359 926**	**5 214 362**	**6 895 886**
京津冀合计	**306 911**	**362 009**	**415 950**	**491 548**	**570 847**	**713 289**
北京	175 610	203 533	231 317	263 909	291 646	340 086
天津	73 557	89 667	103 917	123 971	149 930	189 936
河北	57 744	68 809	80 716	103 668	129 271	183 267
京津冀占比（%）	**11.4**	**11.6**	**11.7**	**11.3**	**10.9**	**10.3**

表 8-9 京津冀国内有效外观设计专利数按地区分布（2015—2020 年）

单位：件

地区	2015 年	2016 年	2017 年	2018 年	2019 年	2020 年
全国	**1 169 766**	**1 250 570**	**1 346 915**	**1 495 596**	**1 671 586**	**2 061 859**
京津冀合计	**64 328**	**80 450**	**96 768**	**108 937**	**128 647**	**158 492**
北京	36 266	47 411	58 304	64 738	77 119	92 429
天津	11 725	12 113	12 388	12 842	14 290	17 452
河北	16 337	20 926	26 076	31 357	37 238	48 611
京津冀占比（%）	**5.5**	**6.4**	**7.2**	**7.3**	**7.7**	**7.7**

表 8-10　京津冀国防专利情况（2015—2020 年）

单位：件

项目	2015 年	2016 年	2017 年	2018 年	2019 年	2020 年
国防专利申请数						
全国	**12 749**	**13 028**	**12 283**	**14 045**	**15 521**	**20 102**
京津冀合计	**4777**	**4661**	**4465**	**5059**	**5413**	**7472**
北京	4227	4167	3968	4502	4880	6678
天津	282	281	290	254	316	519
河北	268	213	207	303	217	275
京津冀占比（%）	**37.5**	**35.8**	**36.4**	**36.0**	**34.9**	**37.2**
国防专利授权数						
全国	**10 786**	**6830**	**7243**	**5748**	**6188**	**6627**
京津冀合计	**4515**	**2720**	**2769**	**2236**	**2303**	**2279**
北京	4087	2526	2495	1915	2144	1990
天津	176	75	133	191	86	173
河北	252	119	141	130	73	116
京津冀占比（%）	**41.9**	**39.8**	**38.2**	**38.9**	**37.2**	**34.4**
国防有效专利数						
全国	**34 575**	**40 812**	**40 964**	**43 634**	**48 264**	**52 675**
京津冀合计	**13 998**	**16 526**	**16 926**	**18 152**	**20 013**	**21 799**
北京	12 819	15 164	15 443	16 450	18 247	19 776
天津	561	631	735	886	989	1082
河北	618	731	748	816	777	941
京津冀占比（%）	**40.5**	**40.5**	**41.3**	**41.6**	**41.5**	**41.4**

表 8-11　京津冀商标注册申请与注册情况（2020 年）

单位：件

地区	申请数	核准注册	1991—2019 年核准注册商标	截至 2019 年年底有效注册量
全国	**9 116 454**	**5 576 545**	**31 946 904**	**28 393 188**
京津冀合计	**933 465**	**589 462**	**3 782 235**	**3 349 902**
北京	564 510	362 738	2 499 034	2 223 056
天津	85 096	51 092	339 794	288 949
河北	283 859	175 632	943 407	837 897
京津冀占比（%）	**10.2**	**10.6**	**11.8**	**11.8**

表 8-12　京津冀技术市场技术开发合同按地域分布情况（合同数）（2015—2020 年）

单位：项

地区	2015 年	2016 年	2017 年	2018 年	2019 年	2020 年
全国	**153 433**	**148 582**	**169 466**	**180 431**	**198 105**	**217 580**
京津冀合计	**32 746**	**33 089**	**33 860**	**37 980**	**36 758**	**38 373**
北京	25 857	26 465	25 936	29 496	28 888	30 905
天津	4078	3969	4685	4329	3787	3166
河北	2811	2655	3239	4155	4083	4302
京津冀占比（%）	**21.3**	**22.3**	**20.0**	**21.0**	**18.6**	**17.6**

表 8-13　京津冀技术市场技术转让合同按地域分布情况（合同数）（2015—2020 年）

单位：项

地区	2015 年	2016 年	2017 年	2018 年	2019 年	2020 年
全国	**12 787**	**12 556**	**16 698**	**15 381**	**16 953**	**23 243**
京津冀合计	**1533**	**1576**	**2101**	**1723**	**1803**	**2336**
北京	829	858	1121	907	971	1271
天津	375	360	574	328	315	403
河北	329	358	406	488	517	662
京津冀占比（%）	**12.0**	**12.6**	**12.6**	**11.2**	**10.6**	**10.1**

表 8-14　京津冀技术市场技术咨询合同按地域分布情况（合同数）（2015—2020 年）

单位：项

地区	2015 年	2016 年	2017 年	2018 年	2019 年	2020 年
全国	**33 559**	**24 447**	**26 735**	**29 828**	**31 215**	**36 151**
京津冀合计	**4889**	**4629**	**4604**	**4594**	**4489**	**4000**
北京	3246	3404	3051	3391	3380	2906
天津	1331	847	1023	624	488	392
河北	312	378	530	579	621	702
京津冀占比（%）	**14.6**	**18.9**	**17.2**	**15.4**	**14.4**	**11.1**

表 8-15　京津冀技术市场技术服务合同按地域分布情况（合同数）（2015—2020 年）

单位：项

地区	2015 年	2016 年	2017 年	2018 年	2019 年	2020 年
全国	**107 353**	**134 852**	**154 687**	**186 345**	**237 804**	**272 379**
京津冀合计	**26 400**	**32 754**	**33 696**	**36 797**	**44 688**	**41 375**
北京	20 208	24 753	25 836	27 419	31 898	30 466
天津	3655	4436	3926	4028	6687	4505
河北	2537	3565	3934	5350	6103	6404
京津冀占比（%）	**24.6**	**24.3**	**21.8**	**19.7**	**18.8**	**15.2**

表 8-16　京津冀技术市场技术开发合同按地域分布情况（合同金额）（2015—2020 年）

单位：亿元

地区	2015 年	2016 年	2017 年	2018 年	2019 年	2020 年
全国	**3047.2**	**3479.6**	**4748.5**	**5888.5**	**7177.3**	**8874.1**
京津冀合计	**609.2**	**678.5**	**764.8**	**1013.8**	**1103.4**	**1532.0**
北京	501.6	582.4	641.1	831.9	931.3	1281.0
天津	70.4	58.7	46.7	65.5	53.2	73.6
河北	37.2	37.5	76.9	116.4	118.9	177.4
京津冀占比（%）	**20.0**	**19.5**	**16.1**	**17.2**	**15.4**	**17.3**

表 8-17　京津冀技术市场技术转让合同按地域分布情况（合同金额）（2015—2020 年）

单位：亿元

地区	2015 年	2016 年	2017 年	2018 年	2019 年	2020 年
全国	**1466.5**	**1607.9**	**1400.3**	**1609.7**	**2188.9**	**2397.7**
京津冀合计	**107.2**	**122.9**	**246.2**	**239.1**	**664.8**	**96.9**
北京	41.7	38.3	127.0	146.3	615.4	49.0
天津	47.8	63.7	94.7	62.5	23.7	29.7
河北	17.7	20.8	24.5	30.3	25.7	18.2
京津冀占比（%）	**7.3**	**7.6**	**17.6**	**14.9**	**30.4**	**4.0**

表 8-18　京津冀技术市场技术咨询合同按地域分布情况（合同金额）（2015—2020 年）

单位：亿元

地区	2015 年	2016 年	2017 年	2018 年	2019 年	2020 年
全国	**263.1**	**468.3**	**449.2**	**564.6**	**614.1**	**1104.6**
京津冀合计	**58.3**	**122.8**	**191.7**	**68.0**	**77.4**	**101.1**
北京	42.8	80.9	137.6	41.5	38.4	41.3
天津	12.4	30.4	44.9	11.2	18.2	9.2
河北	3.1	11.4	9.1	15.4	20.8	50.6
京津冀占比（%）	**22.1**	**26.2**	**42.7**	**12.0**	**12.6**	**9.2**

表 8-19　京津冀技术市场技术服务合同按地域分布情况（合同金额）（2015—2020 年）

单位：亿元

地区	2015 年	2016 年	2017 年	2018 年	2019 年	2020 年
全国	**5059.0**	**5851.1**	**6826.2**	**9634.6**	**12 418.1**	**15 875.2**
京津冀合计	**848.9**	**1402.6**	**1409.4**	**1769.5**	**2423.3**	**2722.2**
北京	561.5	1051.6	981.8	1227.5	1638.8	1757.3
天津	200.2	236.3	234.9	208.4	366.4	504.4
河北	87.3	114.6	192.7	333.6	418.2	460.5
京津冀占比（%）	**16.8**	**24.0**	**20.6**	**18.4**	**19.5**	**17.1**

表 8-20　京津冀国外技术引进合同情况（2020 年）

地区	合同数（项）	合同金额（亿美元）	
			#技术费
全国	**6172**	**318.4**	**315.1**
京津冀合计	**717**	**47.8**	**45.9**
北京	520	37.4	35.9
天津	107	8.6	8.6
河北	90	1.9	1.5
京津冀占比（%）	**11.6**	**15.0**	**14.6**

第九部分

国家高新技术产业开发区

表 9-1　京津冀国家高新区基本情况（2015—2020 年）

项目	2015 年	2016 年	2017 年	2018 年	2019 年	2020 年
国家高新区数（个）						
全国	**146**	**146**	**156**	**169**	**169**	**169**
京津冀合计	**7**	**7**	**7**	**7**	**7**	**7**
北京	1	1	1	1	1	1
天津	1	1	1	1	1	1
河北	5	5	5	5	5	5
京津冀占比（%）	**4.8**	**4.8**	**4.5**	**4.1**	**4.1**	**4.1**
工商注册企业数（个）						
全国	**964 750**	**1 405 173**	**1 852 665**	**2 317 764**	**2 866 714**	**2 866 714**
京津冀合计	**218 606**	**436 323**	**509 587**	**551 899**	**565 607**	**565 607**
北京	188 398	398 845	459 311	482 799	480 135	480 135
天津	9076	10 790	15 211	25 791	36 016	36 016
河北	21 132	26 688	35 065	43 309	49 456	49 456
京津冀占比（%）	**22.7**	**31.1**	**27.5**	**23.8**	**19.7**	**19.7**
入统企业数（个）						
全国	**82 712**	**91 093**	**103 631**	**120 057**	**141 147**	**165 357**
京津冀合计	**22 022**	**25 373**	**27 801**	**28 675**	**32 196**	**35 042**
北京	16 693	19 869	22 013	22 110	24 892	27 487
天津	3963	4005	4073	4251	4357	4240
河北	1366	1499	1715	2314	2947	3315
京津冀占比（%）	**26.6**	**27.9**	**26.8**	**23.8**	**22.8**	**21.2**
科技活动人员（人）						
全国	**3 117 292**	**3 385 933**	**3 783 964**	**4 280 661**	**4 659 444**	**5 144 238**
京津冀合计	**722 562**	**788 586**	**860 744**	**905 601**	**983 611**	**1 026 015**
北京	604 674	660 727	735 847	784 720	863 167	901 109
天津	61 646	66 787	63 185	55 768	54 244	55 905
河北	56 242	61 072	61 712	65 113	66 200	69 001
京津冀占比（%）	**23.2**	**23.3**	**22.7**	**21.2**	**21.1**	**19.9**

续表

项目	2015 年	2016 年	2017 年	2018 年	2019 年	2020 年
R&D 人员全时当量（人年）						
全国	**1 130 382**	**1 283 327**	**1 590 137**	**1 772 053**	**1 819 811**	**2 023 547**
京津冀合计	**185 496**	**213 751**	**226 927**	**218 039**	**230 786**	**242 094**
北京	138 391	148 982	182 450	166 350	188 989	197 307
天津	21 013	29 083	24 309	25 158	21 235	19 663
河北	26 092	35 686	20 168	26 531	20 562	25 124
京津冀占比（%）	**16.4**	**16.7**	**14.3**	**12.3**	**12.7**	**12.0**
科技活动经费内部支出（亿元）						
全国	**7578.3**	**8524.9**	**10 161.5**	**12 675.0**	**16 115.7**	**17 313.8**
京津冀合计	**1904.5**	**1991.0**	**2364.0**	**2855.0**	**4441.8**	**3598.6**
北京	1581.8	1698.2	2100.9	2580.6	4150.3	3284.6
天津	204.6	171.0	130.7	124.0	130.9	129.7
河北	118.1	121.8	132.4	150.4	160.6	184.3
京津冀占比（%）	**25.1**	**23.4**	**23.3**	**22.5**	**27.6**	**20.8**

表 9-2　京津冀国家高新区企业数量及主要经济指标（2020 年）

地区	高新技术企业数（个）	工业总产值（亿元）	净利润（亿元）	上缴税费（亿元）	出口总额（亿元）	年末资产（亿元）	年末负债（亿元）
全国	**99 305**	**256 355.8**	**30 442.3**	**18 625.9**	**44 726.6**	**716 661.6**	**415 179.9**
京津冀合计	**20 886**	**17 627.6**	**6230.1**	**3051.4**	**3179.7**	**176 758.4**	**99 457.1**
北京	16 993	12 461.0	5648.3	2614.7	2667.8	156 573.8	87 470.1
天津	2048	1947.4	266.4	192.8	317.0	9272.9	5354.8
河北	1845	3219.2	315.4	243.9	194.8	10 911.6	6632.1
京津冀占比（%）	**21.0**	**6.9**	**20.5**	**16.4**	**7.1**	**24.7**	**24.0**

表 9-3　京津冀国家高新区企业收入情况（2020 年）

单位：亿元

地区	营业收入	#技术收入	#产品销售收入	#商品销售收入
全国	**427 998.1**	**58 822.7**	**296 023.3**	**40 321.9**
京津冀合计	**82 313.0**	**17 310.8**	**26 387.9**	**22 648.4**
北京	72 276.4	16 027.4	19 784.8	21 752.8
天津	4764.4	612.6	2576.9	640.3
河北	5272.2	670.9	4026.1	255.4
京津冀占比（%）	**19.2**	**29.4**	**8.9**	**56.2**

表 9-4　京津冀国家高新区企业人员情况（2020 年）

单位：人

地区	年末从业人员	#留学归国人员	#外籍常住人员	#大专以上
全国	**23 835 165**	**210 342**	**71 589**	**14 446 273**
京津冀合计	**3 529 678**	**58 355**	**6303**	**2 791 601**
北京	2 900 099	56 197	5020	2 377 271
天津	284 107	1032	512	176 736
河北	345 472	1126	771	237 594
京津冀占比（%）	**14.8**	**27.7**	**8.8**	**19.3**

表 9-5　京津冀国家高新区企业 R&D 活动与科技活动情况（2020 年）

地区	科技活动人员（人）	#R&D 人员	R&D 人员全时当量（人年）	科技活动经费内部支出（亿元）	#R&D 经费内部支出
全国	**5 144 238**	**2 961 466**	**2 023 547**	**17 313.8**	**9192.2**
京津冀合计	**1 026 015**	**369 130**	**242 094**	**3598.6**	**1309.0**
北京	901 109	299 572	197 307	3284.6	1140.9
天津	55 905	33 452	19 663	129.7	67.3
河北	69 001	36 106	25 124	184.3	100.9
京津冀占比（%）	**19.9**	**12.5**	**12.0**	**20.8**	**14.2**

第十部分

科技企业孵化器

表 10-1　京津冀科技企业孵化器基本情况（2016—2020 年）

项目	2016 年	2017 年	2018 年	2019 年	2020 年
入统孵化器数量（个）					
全国	**3255**	**4063**	**4849**	**5206**	**5843**
京津冀合计	**311**	**315**	**452**	**462**	**624**
北京	101	105	152	130	246
天津	108	71	72	81	104
河北	102	139	228	251	274
京津冀占比（%）	**9.6**	**7.8**	**9.3**	**8.9**	**10.7**
孵化器场地总面积（万平方米）					
全国	**10 732.8**	**11 967.4**	**13 192.9**	**12 927.9**	**13 088.5**
京津冀合计	**843.6**	**757.4**	**979.4**	**961.3**	**1086.4**
北京	223.4	249.8	312.9	329.2	399.6
天津	320.4	137.4	136.5	132.2	152.9
河北	299.9	370.2	530.0	499.9	533.9
京津冀占比（%）	**7.9**	**6.3**	**7.4**	**7.4**	**8.3**
在孵企业（个）					
全国	**133 286**	**177 542**	**206 024**	**216 828**	**233 351**
京津冀合计	**13 474**	**15 888**	**20 680**	**21 478**	**26 685**
北京	5316	6717	9629	9444	13 008
天津	5080	4264	4263	4309	5037
河北	3078	4907	6788	7725	8640
京津冀占比（%）	**10.1**	**8.9**	**10.0**	**9.9**	**11.4**
在孵企业从业人员（万人）					
全国	**212.1**	**259.6**	**290.2**	**294.9**	**296.9**
京津冀合计	**21.6**	**25.7**	**30.3**	**32.1**	**33.7**
北京	9.0	11.7	14.8	16.0	18.0
天津	7.2	6.2	5.9	5.8	6.1
河北	5.3	7.8	9.6	10.3	9.5
京津冀占比（%）	**10.2**	**9.9**	**10.5**	**10.9**	**11.3**

续表

项目	2016 年	2017 年	2018 年	2019 年	2020 年
当年获得风险投资额（亿元）					
全国	**386.0**	**473.3**	**629.8**	**545.5**	**786.3**
京津冀合计	**83.2**	**97.6**	**136.1**	**93.3**	**159.0**
北京	70.2	89.4	128.6	88.5	150.2
天津	10.7	5.0	3.4	2.3	4.3
河北	2.3	3.2	4.1	2.5	4.5
京津冀占比（%）	**21.6**	**20.6**	**21.6**	**17.1**	**20.2**
累计毕业企业（个）					
全国	**89 694**	**110 701**	**139 396**	**160 850**	**188 707**
京津冀合计	**11 615**	**14 237**	**20 741**	**21 971**	**29 682**
北京	7659	9817	14 986	15 091	21 414
天津	1944	1868	2220	2479	2626
河北	2012	2552	3535	4401	5642
京津冀占比（%）	**13.0**	**12.9**	**14.9**	**13.7**	**15.7**

表 10-2　京津冀科技企业孵化器孵化企业情况（2020 年）

单位：个

地区	在孵企业	# 高新技术企业	# 当年新增在孵企业	累计毕业企业	# 当年毕业企业	# 收入达 5000 万元企业
全国	**233 351**	**12 042**	**63 466**	**188 707**	**26 855**	**4370**
京津冀合计	**26 685**	**1999**	**6761**	**29 682**	**3298**	**343**
北京	13 008	1274	2964	21 414	1872	159
天津	5037	259	1405	2626	367	90
河北	8640	466	2392	5642	1059	94
京津冀占比（%）	**11.4**	**16.6**	**10.7**	**15.7**	**12.3**	**7.8**

表 10-3　京津冀科技企业孵化器孵化场地情况（2020 年）

单位：平方米

地区	总面积				
		办公用房	企业用房	服务用房	其他
全国	**130 885 130**	**7 685 135**	**91 623 008**	**16 291 952**	**15 285 034**
京津冀合计	**10 863 699**	**753 231**	**7 912 080**	**1 339 648**	**858 739**
北京	3 995 764	209 203	2 922 580	593 115	270 866
天津	1 529 297	62 091	1 174 698	174 236	118 272
河北	5 338 638	481 937	3 814 803	572 297	469 602
京津冀占比（%）	**8.3**	**9.8**	**8.6**	**8.2**	**5.6**

表 10-4　京津冀科技企业孵化器当年在孵企业情况（2020 年）

地区	在孵企业从业人员（人）	在孵企业总收入（亿元）	当年获得投融资企业数（个）	当年获得风险投资额（亿元）	当年获得孵化基金在孵企业数（个）
全国	**2 968 675**	**10 256.6**	**13 908**	**786.3**	**10 660**
京津冀合计	**336 565**	**1852.8**	**1388**	**159.0**	**680**
北京	180 385	1566.3	737	150.2	258
天津	61 295	116.2	343	4.3	227
河北	94 885	170.4	308	4.5	195
京津冀占比（%）	**11.3**	**18.1**	**10.0**	**20.2**	**6.4**

表 10-5　京津冀国家级科技企业孵化器基本情况（2020 年）

地区	入统孵化器数量（个）	孵化器总收入（亿元）	管理机构从业人员数（人）	孵化基金总额（亿元）	创业导师人数（人）	对公共技术服务平台投资额（亿元）
全国	**1285**	**201.7**	**24 029**	**810.9**	**27 928**	**39.1**
京津冀合计	**140**	**29.3**	**2700**	**230.3**	**3802**	**2.3**
北京	65	23.8	1455	223.7	2370	1.5
天津	35	2.8	508	2.3	730	0.4
河北	40	2.7	737	4.3	702	0.4
京津冀占比（%）	**10.9**	**14.5**	**11.2**	**28.4**	**13.6**	**6.0**

表 10-6　京津冀国家级科技企业孵化器孵化企业情况（2020 年）

单位：个

地区	在孵企业	# 高新技术企业	# 当年新增在孵企业	累计毕业企业	# 当年毕业企业	# 收入达 5000 万元企业
全国	**100 757**	**7941**	**24 788**	**113 014**	**12 328**	**3097**
京津冀合计	**11 343**	**1261**	**2519**	**14 584**	**1369**	**273**
北京	5544	727	1156	9645	811	116
天津	2682	210	651	2188	260	83
河北	3117	324	712	2751	298	74
京津冀占比（%）	**11.3**	**15.9**	**10.2**	**12.9**	**11.1**	**8.8**

表 10-7　京津冀国家级科技企业孵化器孵化场地情况（2020 年）

单位：平方米

地区	总面积	办公用房	企业用房	服务用房	其他
全国	**43 889 829**	**1 450 759**	**33 086 925**	**5 817 219**	**3 534 926**
京津冀合计	**3 755 823**	**138 091**	**2 995 143**	**421 872**	**200 717**
北京	1 814 429	66 677	1 406 581	228 560	112 610
天津	764 712	20 599	622 368	86 714	35 032
河北	1 176 682	50 814	966 194	106 598	53 076
京津冀占比（%）	**8.6**	**9.5**	**9.1**	**7.3**	**5.7**

表 10-8　京津冀国家级科技企业孵化器当年在孵企业情况（2020 年）

地区	在孵企业从业人员（人）	在孵企业总收入（亿元）	当年获得投融资企业数（个）	当年获得风险投资额（亿元）	当年获得孵化基金在孵企业数（个）
全国	**1 451 398**	**5008.2**	**7913**	**455.9**	**6611**
京津冀合计	**176 301**	**1310.9**	**841**	**86.2**	**380**
北京	96 226	1173.6	408	81.1	152
天津	38 544	60.0	263	3.1	149
河北	41 531	77.3	170	2.0	79
京津冀占比（%）	**12.1**	**26.2**	**10.6**	**18.9**	**5.7**

第十一部分

国家级高新技术企业

表 11-1 京津冀国家高新技术企业基本情况（2015—2020 年）

项目	2015 年	2016 年	2017 年	2018 年	2019 年	2020 年
入统企业数（个）						
全国	**76 141**	**100 012**	**130 632**	**172 262**	**218 544**	**269 896**
京津冀合计	**14 690**	**18 742**	**23 398**	**28 658**	**36 814**	**40 571**
北京	10 881	13 476	16 267	18 749	23 190	23 991
天津	2204	3205	4009	4889	6013	7350
河北	1605	2061	3122	5020	7611	9230
京津冀占比（%）	**19.3**	**18.7**	**17.9**	**16.6**	**16.8**	**15.0**
科技活动人员（人）						
全国	**5 255 352**	**5 843 408**	**6 586 793**	**7 566 809**	**8 247 973**	**9 159 988**
京津冀合计	**832 074**	**934 861**	**1 050 872**	**1 183 303**	**1 345 899**	**1 464 346**
北京	567 069	632 199	713 447	790 691	909 108	990 386
天津	126 229	142 672	150 826	163 208	172 151	186 477
河北	138 776	159 990	186 599	229 404	264 640	287 483
京津冀占比（%）	**15.8**	**16.0**	**16.0**	**15.6**	**16.3**	**16.0**
R&D 人员全时当量（人年）						
全国	**1 835 827**	**2 126 529**	**2 633 467**	**2 857 665**	**2 860 041**	**3 192 980**
京津冀合计	**233 030**	**270 354**	**299 765**	**318 913**	**305 407**	**356 964**
北京	132 714	138 912	172 450	168 979	177 438	206 137
天津	51 043	69 070	71 802	77 017	61 172	68 916
河北	49 273	62 372	55 513	72 917	66 797	81 911
京津冀占比（%）	**12.7**	**12.7**	**11.4**	**11.2**	**10.7**	**11.2**
R&D 经费内部支出（亿元）						
全国	**6304.0**	**7806.1**	**9279.5**	**10 846.7**	**11 850.1**	**13 309.6**
京津冀合计	**940.2**	**1005.9**	**1229.1**	**1552.1**	**1638.1**	**1867.7**
北京	588.2	552.0	758.5	939.8	1032.0	1194.5
天津	205.2	259.9	241.2	290.1	246.2	263.1
河北	146.9	193.9	229.4	322.2	359.9	410.0
京津冀占比（%）	**14.9**	**12.9**	**13.2**	**14.3**	**13.8**	**14.0**

续表

项目	2015年	2016年	2017年	2018年	2019年	2020年
营业收入（亿元）						
全国	**222 234.1**	**261 093.9**	**318 374.1**	**389 203.7**	**450 957.7**	**520 845.0**
京津冀合计	**31 131.9**	**35 592.3**	**44 479.0**	**57 282.1**	**67 833.5**	**79 575.6**
北京	20 078.1	23 220.6	27 417.1	32 082.0	38 024.7	45 664.6
天津	5489.1	6272.1	7204.0	8817.1	10 042.5	11 483.6
河北	5564.7	6099.6	9857.9	16 383.0	19 766.3	22 427.3
京津冀占比（%）	**14.0**	**13.6**	**14.0**	**14.7**	**15.0**	**15.3**

表 11-2　京津冀国家高新技术企业主要经济指标（2020 年）

单位：亿元

地区	工业总产值	营业收入			
			# 技术收入	# 产品销售收入	# 商品销售收入
全国	**367 111.6**	**520 845.0**	**73 037.9**	**414 111.8**	**8993.3**
京津冀合计	**35 442.1**	**79 575.6**	**21 185.0**	**45 991.8**	**3586.2**
北京	9119.4	45 664.6	18 280.9	16 945.0	3053.3
天津	6059.5	11 483.6	1800.6	8718.7	248.5
河北	20 263.3	22 427.3	1103.5	20 328.1	284.4
京津冀占比（%）	**9.7**	**15.3**	**29.0**	**11.1**	**39.9**

表 11-3　京津冀国家高新技术企业人员情况（2020 年）

单位：人

地区	年末从业人员			
		# 留学归国人员	# 外籍常住人员	# 大专以上
全国	**38 587 981**	**174 567**	**47 832**	**19 605 036**
京津冀合计	**4 844 173**	**51 403**	**4760**	**3 302 177**
北京	2 732 639	47 369	3451	2 264 144
天津	693 747	2704	411	425 085
河北	1 417 787	1330	898	612 948
京津冀占比（%）	**12.6**	**29.4**	**10.0**	**16.8**

表 11-4　京津冀国家高新技术企业 R&D 活动与科研活动情况（2020 年）

地区	科技活动人员（人）	# R&D 人员	R&D 人员全时当量（人年）	科技活动经费内部支出（亿元）	# R&D 经费内部支出
全国	**9 159 988**	**4 935 826**	**3 192 980**	**27 556.8**	**13 309.6**
京津冀合计	**1 464 346**	**559 571**	**356 964**	**5139.2**	**1867.7**
北京	990 386	307 513	206 137	3731.3	1194.5
天津	186 477	116 100	68 916	491.3	263.1
河北	287 483	135 958	81 911	916.6	410.0
京津冀占比（%）	**16.0**	**11.3**	**11.2**	**18.6**	**14.0**

第十二部分

国家大学科技园

表 12-1　京津冀国家大学科技园基本情况（2015—2020 年）

项目	2015 年	2016 年	2017 年	2018 年	2019 年	2020 年
孵化基金总额（万元）						
全国	**119 636**	**143 960**	**224 670**	**134 166**	**152 065**	**245 279**
京津冀合计	**19 992**	**13 967**	**110 841**	**11 246**	**11 896**	**17 347**
北京	17 392	11 817	109 091	9396	10 246	15 347
天津	1000	1000				100
河北	1600	1150	1750	1850	1650	1900
京津冀占比（%）	**16.7**	**9.7**	**49.3**	**8.4**	**7.8**	**7.1**
年末固定资产净值（万元）						
全国	**472 147**	**401 898**	**455 959**	**505 176**	**487 471**	**412 394**
京津冀合计	**40 173**	**48 153**	**45 662**	**43 448**	**52 958**	**38 000**
北京	30 890	39 652	37 288	35 267	45 677	30 931
天津	18	37	27	24	20	17
河北	9265	8464	8347	8158	7261	7053
京津冀占比（%）	**8.5**	**12.0**	**10.0**	**8.6**	**10.9**	**9.2**
场地面积（平方米）						
全国	**7 487 203**	**7 378 204**	**7 938 354**	**7 085 649**	**5 996 259**	**5 707 300**
京津冀合计	**1 448 717**	**1 476 236**	**1 745 976**	**1 690 415**	**1 388 106**	**1 173 983**
北京	1 101 169	1 119 589	1 375 328	1 343 248	1 051 939	871 052
天津	162 800	171 900	171 900	171 900	171 900	173 127
河北	184 748	184 747	198 748	175 267	164 267	129 804
京津冀占比（%）	**19.3**	**20.0**	**22.0**	**23.9**	**23.1**	**20.6**
在孵企业（个）						
全国	**10 118**	**9861**	**10 448**	**10 127**	**9483**	**9228**
京津冀合计	**1477**	**1407**	**1931**	**1908**	**1557**	**1548**
北京	1198	1146	1656	1648	1357	1284
天津	27	32	40	39	32	51
河北	252	229	235	221	168	213
京津冀占比（%）	**14.6**	**14.3**	**18.5**	**18.8**	**16.4**	**16.8**

续表

项目	2015 年	2016 年	2017 年	2018 年	2019 年	2020 年
从业人员数（人）						
全国	**145 603**	**132 434**	**136 687**	**127 711**	**122 951**	**109 956**
京津冀合计	**21 506**	**22 700**	**30 512**	**26 898**	**22 824**	**16 597**
北京	15 876	16 878	23 097	19 682	15 917	12 164
天津	508	591	446	364	306	681
河北	5122	5231	6969	6852	6601	3752
京津冀占比（%）	**14.8**	**17.1**	**22.3**	**21.1**	**18.6**	**15.1**
在孵企业总收入（亿元）						
全国	**277.2**	**289.5**	**340.0**	**325.0**	**325.7**	**332.9**
京津冀合计	**57.8**	**53.4**	**74.6**	**69.8**	**64.3**	**65.9**
北京	48.7	42.7	53.0	47.9	41.7	58.3
天津	0.3	0.7	0.6	0.9	1.0	1.9
河北	8.8	10.1	21.0	21.0	21.6	5.8
京津冀占比（%）	**20.8**	**18.5**	**21.9**	**21.5**	**19.7**	**19.8**

表 12-2　京津冀国家大学科技园人员情况（2020 年）

单位：人

地区	管理机构从业人员总数	# 博士	# 硕士	# 研究生	# 本科	# 大专	# 留学回国人员
全国	**2603**	**133**	**737**	**818**	**1426**	**240**	**98**
京津冀合计	**520**	**32**	**175**	**193**	**244**	**41**	**29**
北京	447	27	166	185	190	39	27
天津	6	0	0	1	5	0	0
河北	67	5	9	7	49	2	2
京津冀占比（%）	**20.0**	**24.1**	**23.7**	**23.6**	**17.1**	**17.1**	**29.6**

表 12-3　京津冀国家大学科技园孵化场地情况（2020 年）

单位：平方米

地区	总面积					
		办公用房	孵化用房	研发用房	生产用房	其他
全国	**5 707 300**	**226 526**	**2 855 890**	**766 531**	**639 595**	**1 218 758**
京津冀合计	**1 173 983**	**61 313**	**440 791**	**134 515**	**61 760**	**475 604**
北京	871 052	35 779	255 283	79 810	36 080	464 100
天津	173 127	16 958	91 469	43 000	16 000	5700
河北	129 804	8576	94 039	11 705	9680	5804
京津冀占比（%）	**20.6**	**27.1**	**15.4**	**17.5**	**9.7**	**39.0**

表 12-4　京津冀国家大学科技园在孵企业情况（2020 年）

地区	在孵企业（个）		工业总产值（万元）	净利润（万元）	上缴税费（万元）
		# 当年新孵			
全国	**9228**	**2466**	**1 440 587**	**177 886**	**150 345**
京津冀合计	**1548**	**296**	**416 072**	**49 325**	**39 739**
北京	1284	240	393 993	41 880	37 549
天津	51	22	10 020	3186	553
河北	213	34	12 060	4259	1637
京津冀占比（%）	**16.8**	**12.0**	**28.9**	**27.7**	**26.4**

表 12-5　京津冀国家大学科技园毕业企业情况（2020 年）

地区	累计毕业企业（个）	从业人员数（人）	总收入（亿元）	工业总产值（亿元）
全国	**13 067**	**433 715**	**1971.8**	**1185.7**
京津冀合计	**3091**	**89 948**	**210.3**	**68.9**
北京	2679	79 993	191.1	51.7
天津	3	171	1.4	1.4
河北	409	9784	17.7	15.8
京津冀占比（%）	**23.7**	**20.7**	**10.7**	**5.8**

第十三部分

火炬特色产业基地

表 13-1　京津冀火炬计划特色产业基地基本情况（2015—2020 年）

项目	2015 年	2016 年	2017 年	2018 年	2019 年	2020 年
入统基地数（个）						
全国	**384**	**413**	**441**	**439**	**437**	**471**
京津冀合计	**22**	**23**	**23**	**22**	**22**	**23**
北京	2	2	1	1	1	1
天津	8	8	9	9	9	9
河北	12	13	13	12	12	13
京津冀占比（%）	**5.7**	**5.6**	**5.2**	**5.0**	**5.0**	**4.9**
基地内企业数（个）						
全国	**126 393**	**150 555**	**163 364**	**177 245**	**188 922**	**205 254**
京津冀合计	**8192**	**9884**	**11 531**	**13 691**	**14 459**	**15 189**
北京	2571	2900	4440	5822	6451	6750
天津	2493	4439	5095	5781	6246	6668
河北	3128	2545	1996	2088	1762	1771
京津冀占比（%）	**6.5**	**6.6**	**7.1**	**7.7**	**7.7**	**7.4**
总收入（亿元）						
全国	**91 233.1**	**100 003.2**	**104 652.1**	**108 756.8**	**112 704.0**	**127 094.9**
京津冀合计	**3671.6**	**4423.3**	**4545.4**	**4884.6**	**5352.7**	**5423.4**
北京	300.0	345.7	338.0	357.0	431.6	490.5
天津	887.6	1311.1	1038.1	1273.3	1493.2	1534.9
河北	2483.9	2766.5	3169.3	3254.4	3427.9	3398.0
京津冀占比（%）	**4.0**	**4.4**	**4.3**	**4.5**	**4.7**	**4.3**

表 13-2　京津冀火炬计划特色产业基地经济指标（2020 年）

单位：亿元

地区	工业总产值	上缴税费	净利润	出口总额
全国	**120 329.7**	**6035.0**	**7522.6**	**12 221.2**
京津冀合计	**3416.1**	**219.6**	**272.9**	**239.8**
北京	57.3	16.1	29.3	22.3
天津	1101.5	70.5	65.1	72.7
河北	2257.3	133.0	178.5	144.8
京津冀占比（%）	**2.8**	**3.6**	**3.6**	**2.0**

表 13-3 京津冀火炬计划特色产业基地人员情况（2020 年）

单位：人

地区	企业人员总数	# 大专以上		
			# 博士	# 硕士
全国	**12 222 703**	**4 151 256**	**35 829**	**223 651**
京津冀合计	**485 565**	**226 472**	**1932**	**13 096**
北京	52 132	30 521	126	2011
天津	138 663	59 245	1102	5565
河北	294 770	136 706	704	5520
京津冀占比（%）	**4.0**	**5.5**	**5.4**	**5.9**

第十四部分

创新型产业集群

表 14-1　京津冀创新型产业集群基本情况（2018—2020 年）

项目	2018 年	2019 年	2020 年
企业总数（个）			
全国	**22 177**	**23 638**	**25 953**
京津冀合计	**2768**	**2849**	**3561**
北京	868	869	882
天津	640	670	1329
河北	1260	1310	1350
京津冀占比（%）	**12.5**	**12.1**	**13.7**
年末从业人员（人）			
全国	**4 151 702**	**4 191 614**	**4 308 204**
京津冀合计	**429 464**	**361 978**	**396 540**
北京	201 709	131 162	138 934
天津	81 688	75 522	93 833
河北	146 067	155 294	163 773
京津冀占比（%）	**10.3**	**8.6**	**9.2**
营业收入（亿元）			
全国	**55 413.4**	**57 396.7**	**62 618.3**
京津冀合计	**8266.8**	**8358.8**	**9700.1**
北京	4764.7	4516.4	5314.3
天津	1152.3	1391.4	2052.2
河北	2349.9	2451.0	2333.7
京津冀占比（%）	**14.9**	**14.6**	**15.5**

表 14-2　京津冀创新型产业集群企业数量和从业人员情况（2020 年）

地区	企业总数（个）	#高新技术企业	年末从业人员（人）	#科技活动人员
全国	**25 953**	**11 881**	**4 308 204**	**1 161 926**
京津冀合计	**3561**	**1738**	**396 540**	**168 799**
北京	882	547	138 934	88 558
天津	1329	586	93 833	24 803
河北	1350	605	163 773	55 438
京津冀占比（%）	**13.7**	**14.6**	**9.2**	**14.5**

表 14-3　京津冀创新型产业集群主要经济指标（2020 年）

单位：亿元

地区	出口总额	净利润	上缴税费
全国	**8620.8**	**5711.8**	**2995.0**
京津冀合计	**363.4**	**891.7**	**402.2**
北京	136.3	648.9	201.7
天津	71.4	102.9	81.1
河北	155.7	139.9	119.4
京津冀占比（%）	**4.2**	**15.6**	**13.4**

表 14-4　京津冀创新型产业集群主要科技活动成果（2020 年）

地区	当年发明专利授权（件）	拥有有效发明专利（件）	拥有注册商标（件）	当年形成国家或行业标准（项）	认定登记的技术合同成交金额（亿元）
全国	**40 425**	**240 541**	**185 197**	**1071**	**1870.8**
京津冀合计	**6410**	**38 664**	**28 026**	**171**	**103.6**
北京	5236	17 502	18 507	57	57.7
天津	320	4973	2023	51	33.1
河北	854	16 189	7496	63	12.8
京津冀占比（%）	**15.9**	**16.1**	**15.1**	**16.0**	**5.5**

表 14-5　京津冀创新型产业集群主要服务机构（2020 年）

单位：个

地区	国家级科技企业孵化器	国家技术转移示范机构	国家级生产力促进中心	具有国家级资质产品检验检测机构	研发机构	产品联盟组织
全国	**299**	**106**	**42**	**136**	**6074**	**379**
京津冀合计	**40**	**6**	**2**	**6**	**446**	**39**
北京	13	0	0	1	83	13
天津	12	2	1	3	159	12
河北	15	4	1	2	204	14
京津冀占比（%）	**13.4**	**5.7**	**4.8**	**4.4**	**7.3**	**10.3**

2021/京津冀科技统计年鉴

第十五部分

科学技术普及

表 15-1 京津冀科学技术普及基本情况（2015—2020 年）

项目	2015 年	2016 年	2017 年	2018 年	2019 年	2020 年
科普专职人员（人）						
全国	**221 511**	**223 544**	**227 008**	**223 958**	**250 197**	**248 670**
京津冀合计	**17 134**	**19 789**	**20 753**	**27 045**	**28 772**	**27 322**
北京	7324	9291	8077	8490	8518	8208
天津	3039	2404	1780	2582	3341	3689
河北	6771	8094	10 896	15 973	16 913	15 425
京津冀占比（%）	**7.7**	**8.9**	**9.1**	**12.1**	**11.5**	**11.0**
科技馆数量（个）						
全国	**444**	**473**	**488**	**518**	**533**	**573**
京津冀合计	**36**	**40**	**41**	**49**	**47**	**46**
北京	25	30	29	28	27	26
天津	1	1	1	4	4	4
河北	10	9	11	17	16	16
京津冀占比（%）	**8.1**	**8.5**	**8.4**	**9.5**	**8.8**	**8.0**
科技馆建筑面积（万平方米）						
全国	**314**	**321**	**371**	**400**	**420**	**458**
京津冀合计	**30**	**34**	**34**	**46**	**41**	**43**
北京	22	27	25	32	27	26
天津	2	2	2	2	2	5
河北	6	5	7	12	12	13
京津冀占比（%）	**9.4**	**10.6**	**9.2**	**11.5**	**9.8**	**9.4**
年度科普经费筹集额（亿元）						
全国	**141.2**	**152.0**	**160.1**	**161.1**	**185.5**	**171.7**
京津冀合计	**26.2**	**31.3**	**32.1**	**33.5**	**34.5**	**27.0**
北京	21.3	25.1	27.0	26.2	27.7	20.4
天津	2.1	2.5	2.3	2.3	3.1	3.0
河北	2.8	3.7	2.8	5.1	3.7	3.6
京津冀占比（%）	**18.6**	**20.6**	**20.1**	**20.8**	**18.6**	**15.7**

续表

项目	2015年	2016年	2017年	2018年	2019年	2020年
科普图书出版总册数（万册）						
全国	**13 357**	**13 487**	**11 188**	**8607**	**13 527**	**9854**
京津冀合计	**7436**	**3561**	**5025**	**5274**	**8215**	**3225**
北京	7334	2870	4632	5137	8045	2934
天津	63	364	191	93	140	257
河北	39	327	202	44	29	34
京津冀占比（%）	**55.7**	**26.4**	**44.9**	**61.3**	**60.7**	**32.7**
科技活动周科普专题活动次数（次）						
全国	**117 506**	**128 545**	**115 999**	**137 807**	**118 937**	**109 011**
京津冀合计	**19 757**	**18 917**	**12 765**	**11 250**	**12 173**	**12 469**
北京	6662	6774	3867	3468	3764	2888
天津	7921	7311	4184	3738	4081	5528
河北	5174	4832	4714	4044	4328	4053
京津冀占比（%）	**16.8**	**14.7**	**11.0**	**8.2**	**10.2**	**11.4**

表 15-2 京津冀科普专职人员情况（2020 年）

单位：人

地区	科普专职人员	#中级职称以上或本科以上学历	#女性	#农村科普人员	#管理人员	#科普创作人员
全国	**248 670**	**155 287**	**97 511**	**66 836**	**46 281**	**18 514**
京津冀合计	**27 322**	**16 397**	**11 903**	**4257**	**4269**	**2654**
北京	8208	6277	4461	740	1770	1525
天津	3689	2772	1720	225	667	666
河北	15 425	7348	5722	3292	1832	463
京津冀占比（%）	**11.0**	**10.6**	**12.2**	**6.4**	**9.2**	**14.3**

表 15-3　京津冀科普兼职人员情况（2020 年）

地区	科普兼职人员（人）	# 中级职称以上或本科以上学历	# 女性	# 农村科普人员	# 注册科普志愿者（人）	年度实际投入工作量（人月）
全国	**1 564 281**	**863 695**	**641 434**	**410 584**	**3 939 678**	**1 746 568**
京津冀合计	**137 909**	**82 573**	**68 286**	**33 914**	**293 922**	**148 804**
北京	48 371	33 306	26 291	4941	43 667	49 628
天津	28 030	18 865	15 215	5712	215 703	30 282
河北	61 508	30 402	26 780	23 261	34 552	68 894
京津冀占比（%）	**8.8**	**9.6**	**10.6**	**8.3**	**7.5**	**8.5**

表 15-4　京津冀科普场地情况（2020 年）

项目	**全国**	**京津冀合计**	北京	天津	河北	**京津冀占比（%）**
科技馆数量（个）	**573**	**46**	26	4	16	**8.0**
科技馆建筑面积（万平方米）	**458**	**43**	26	5	13	**9.4**
科技馆展厅面积（万平方米）	**232**	**23**	13	3	7	**9.9**
科技馆当年参观人数（万人次）	**3934**	**199**	108	55	36	**5.1**
科学技术类博物馆数量（个）	**952**	**131**	82	11	38	**13.8**
科学技术类博物馆建筑面积（万平方米）	**701**	**139**	101	16	22	**19.8**
科学技术类博物馆展厅面积（万平方米）	**318**	**55**	38	7	10	**17.4**
科学技术类博物馆当年参观人数（万人次）	**7546**	**857**	506	142	210	**11.4**
青少年科技馆站（个）	**567**	**39**	18	4	17	**6.9**
城市社区科普（技）专用活动室（个）	**49 812**	**3960**	1017	1491	1452	**7.9**
农村科普（技）活动场地（个）	**196 922**	**12 380**	1442	3145	7793	**6.3**
科普宣传专用车（辆）	**1147**	**148**	28	69	51	**12.9**
科普画廊（个）	**136 355**	**6242**	1772	1561	2909	**4.6**

表 15-5　京津冀科普经费情况（2020 年）

单位：万元

项目	全国	京津冀合计	北京	天津	河北	京津冀占比（%）
年度科普经费筹集额	1 717 228	270 251	204 185	30 312	35 753	15.7
#政府拨款	1 383 933	183 372	143 475	17 325	22 572	13.3
#科普专项经费	588 205	92 272	75 599	3944	12 729	15.7
#捐赠	6190	993	924	5	64	16.0
#自筹资金	247 624	64 273	40 212	12 027	12 034	26.0
科技活动周经费筹集额	37 949	4988	3352	458	1177	13.1
#政府拨款	28 271	4046	2760	279	1007	14.3
#企业赞助	2240	166	79	61	25	7.4
年度科普经费使用额	1 719 431	277 864	209 320	30 853	37 691	16.2
#行政支出	313 013	53 122	39 019	8374	5729	17.0
#科普活动支出	816 278	160 637	122 073	12 878	25 687	19.7
#科普场馆基建支出	414 267	22 299	10 126	7417	4756	5.4
#政府拨款支出	190 207	2683	1306	74	1303	1.4
#场馆建设支出	237 273	8569	2942	3761	1866	3.6
#展品、设施支出	117 089	10 071	5700	2902	1469	8.6

表 15-6　京津冀科普传媒情况（2020 年）

项目	全国	京津冀合计	北京	天津	河北	京津冀占比（%）
科普图书出版种数（种）	10 756	2957	2474	286	197	27.5
科普图书出版总册数（万册）	9854	3225	2934	257	34	32.7
科普期刊出版种数（种）	1244	368	163	180	25	29.6
科普期刊出版总册数（万册）	13 105.4	4067.9	1830.6	2217.4	19.8	31.0
科普（技）音像制品出版种数（种）	4279	390	290	27	73	9.1
科普（技）光盘发行总量（万张）	231.5	9.6	8.2	0.6	0.8	4.2
科普（技）录音、录像带发行总量（盒）	190 843	592	591	1	0	0.3
科技类报纸年发行总份数（万份）	15 755.4	6192.5	5541.9	214.2	436.4	39.3
电视台播出科普（技）节目时间（小时）	164 626	15 491	8294	1898	5299	9.4
电台播出科普（技）节目时间（小时）	128 314	11 487	8355	506	2626	9.0
科普网站数（个）	2732	407	272	72	63	14.9
发放科普读物和资料（万份）	61 192.4	4143.6	1582.1	706.3	1855.2	6.8

表 15-7　京津冀科普活动情况（2020 年）

项目	全国	京津冀合计	北京	天津	河北	京津冀占比（%）
科普（技）讲座举办次数（次）	**846 601**	**80 452**	28 976	22 131	29 345	**9.5**
科普（技）讲座参加人数（人次）	**1 623 223 078**	**1 145 768 409**	1 073 488 902	41 073 122	31 206 385	**70.6**
科普（技）展览专题展览次数（次）	**110 105**	**7310**	2757	1951	2602	**6.6**
科普（技）展览参观人数（人次）	**320 421 591**	**157 264 676**	151 522 228	2 508 050	3 234 398	**49.1**
科普（技）竞赛举办次数（次）	**28 178**	**3080**	1560	555	965	**10.9**
科普（技）竞赛参加人数（人次）	**184 043 431**	**45 206 053**	41 568 214	1 938 406	1 699 433	**24.6**
科普国际交流举办次数（次）	**884**	**215**	128	67	20	**24.3**
科普国际交流参加人数（人次）	**5 733 770**	**1 661 735**	1 634 029	24 593	3113	**29.0**
成立青少年科技兴趣小组个数（个）	**158 026**	**13 704**	2172	2770	8762	**8.7**
青少年科技兴趣小组参加人数（人次）	**11 217 184**	**883 109**	161 967	265 101	456 041	**7.9**
科技夏（冬）令营举办次数（次）	**7915**	**560**	264	211	85	**7.1**
科技夏（冬）令营参加人数（人次）	**42 106 225**	**32 962 471**	32 842 122	106 112	14 237	**78.3**
科技活动周科普专题活动次数（次）	**109 011**	**12 469**	2888	5528	4053	**11.4**
科技活动周参加人数（人次）	**488 914 414**	**332 979 867**	328 985 069	2 360 787	1 634 011	**68.1**
科研机构、大学向社会开放单位数（个）	**8328**	**1041**	474	244	323	**12.5**
科研机构、大学参观人数（人次）	**11 555 211**	**1 069 891**	746 839	211 618	111 434	**9.3**
实用技术培训举办次数（次）	**422 381**	**23 402**	6591	5869	10 942	**5.5**
实用技术培训参加人数（人次）	**48 933 410**	**3 851 830**	2 097 008	391 956	1 362 866	**7.9**
重大科普活动次数（次）	**13 039**	**1034**	518	209	307	**7.9**

表 15-8　京津冀创新创业中科普情况（2020 年）

地区	创新创业培训次数（次）	创新创业培训参加人数（人次）	创新创业赛事次数（次）	创新创业赛事参加人数（人次）
全国	**87 318**	**8 467 719**	**6375**	**2 279 157**
京津冀合计	**7130**	**1 558 342**	**711**	**204 609**
北京	2751	1 357 916	350	102 361
天津	1325	73 650	186	53 193
河北	3054	126 776	175	49 055
京津冀占比（%）	**8.2**	**18.4**	**11.2**	**9.0**

第十六部分

主要统计指标解释

一般公共预算收入　指国家财政参与社会产品分配所取得的收入，是实现国家职能的财力保证。主要包括：①各项税收：包括国内增值税、国内消费税、进口货物增值税和消费税、出口货物退增值税和消费税、营业税、企业所得税、个人所得税、资源税、城市维护建设税、房产税、印花税、城镇土地使用税、土地增值税、车船税、船舶吨税、车辆购置税、关税、耕地占用税、契税、烟叶税等。②非税收入：包括专项收入、行政事业性收费、罚没收入和其他收入。财政收入按现行分税制财政体制划分为中央本级收入和地方本级收入。

一般公共预算支出　指国家财政将筹集起来的资金进行分配使用，以满足经济建设和各项事业的需要。主要包括一般公共服务、外交、国防、公共安全、教育、科学技术、文化旅游体育与传媒、社会保障和就业、卫生健康、节能环保、城乡社区、农林水、交通运输、资源勘探工业信息等、商业服务业等、金融、援助其他地区、自然资源海洋气象等、住房保障、粮油物资储备、债务付息等方面的支出。财政支出根据政府在经济和社会活动中的不同职权，划分为中央财政支出和地方财政支出。

地方财政科学技术支出　指地方用于科学技术方面的支出，与政府收支分类科目 206 相同，包括中央对地方的科技转移支付。

地方财政支出合计　指与各地当年财政总决算报表中本年支出合计的决算数相同。

科学技术管理事务　指填在政府收支分类科目 20601 中各级政府部门科学技术管理事务方面的支出，包括中央对此项目的转移支付。

基础研究　指填在政府收支分类科目 20602 中从事基础研究和近期无法取得实用价值的应用研究机构的支出、专项科学研究支出，以及重点实验室、重大科学工程的支出，包括中央对此项目的转移支付。

应用研究　指填在政府收支分类科目 20603 中在基础研究成果上，针对某一特定的实际目标或目标进行的创造性研究工作的支出，包括社会公益研究、高技术研究、专项科研试制等方面的支出，包括中央对此项目的转移支付。

技术研究与开发　指填在政府收支分类科目 20604 中用于技术研究与开发等方面的支出，包括应用技术研究与开发、产业技术研究与开发、科技成果转化与扩散等方面的支出，还包括电子信息产业发展基金，包括中央对此项目的转移支付。

科技条件与服务　指填在政府收支分类科目 20605 中用于完善科技条件及从事科技标准、计量和检测，科技数据、种质资源、标本、基因的收集、加工处理和服务，科技文献信息资源的采集、保存、加工和服务等为科技活动提供基础性、通用性服务的支出，包括中央对此项目的转移支付。

社会科学　指填在政府收支分类科目 20606 中用于社会科学方面的支出，包括中央对此项目的转移支付。

科学技术普及　指填在政府收支分类科目 20607 中用于科学技术普及方面的支出，包括中央对此项目的转移支付。

科技交流与合作　指填在政府收支分类科目 20608 中用于科技交流与合作方面的支出，包括中央对此项目的转移支付。

科技重大项目 指填在政府收支分类科目 20609 中用于科技重大项目方面的支出，包括中央对此项目的转移支付。

其他科学技术支出 指填在政府收支分类科目 20699 中用于除以上各项以外用于科技方面的支出，包括科技奖励支出、补助给转制为企业科研机构的等支出，包括中央对此项目的转移支付。

中央对地方科技专项转移支付 指政府收支分类科目 206 中央财政对地方的各项科技转移支付。

研究与试验发展（R&D） 指在科学技术领域，为增加知识总量及运用这些知识去创造新的应用而进行的系统的、创造性的活动，包括基础研究、应用研究、试验发展 3 类活动。

R&D 人员 指调查单位内部从事基础研究、应用研究和试验发展 3 类活动的人员。包括直接参加上述 3 类项目活动的人员，以及这 3 类项目的管理人员和直接服务人员。为研发活动提供直接服务的人员包括直接为研发活动提供资料文献、材料供应、设备维护等服务的人员。

R&D 人员全时当量 是国际上通用的、用于比较科技人力投入的指标，是 R&D 全时人员（全年从事 R&D 活动累积工作时间占全部工作时间的 90% 及以上人员）工作量与非全时人员按实际工作时间折算的工作量之和。例如，有 2 个 R&D 全时人员（工作时间分别为 0.9 年和 1 年）和 3 个 R&D 非全时人员（工作时间分别为 0.2 年、0.3 年和 0.7 年），则 R&D 人员全时当量＝ 1+1+0.2+0.3+0.7=3.2（人年）。

研究人员 指 R&D 人员中具备中级以上职称或博士学历（学位）的人员。

基础研究 指为了获得关于现象和可观察事实的基本原理的新知识（揭示客观事物的本质、运动规律，获得新发展、新学说）而进行的实验性或理论性研究，它不以任何专门或特定的应用或使用为目的。

应用研究 指为获得新知识而进行的创造性研究，主要针对某一特定的目的或目标。应用研究是为了确定基础研究成果可能的用途，或是为达到预定的目标探索应采取的新方法（原理性）或新途径。

试验发展 指利用从基础研究、应用研究和实际经验所获得的现有知识，为产生新的产品、材料和装置，建立新的工艺、系统和服务，以及对已产生和建立的上述各项做实质性的改进而进行的系统性工作。

R&D 经费内部支出 指调查单位在报告年度用于内部开展 R&D 活动的实际支出。包括用于 R&D 项目（课题）活动的直接支出，以及间接用于 R&D 活动的管理费、服务费、与 R&D 有关的基本建设支出及外协加工费等。不包括生产性活动支出、归还贷款支出，以及与外单位合作或委托外单位进行 R&D 活动而转拨给对方的经费支出。

日常性支出 指调查单位在报告年度为开展 R&D 活动而发生的人员劳务费，以及其各项管理费用和购买非资产性的材料、物资费用等他日常支出。

资产性支出 指调查单位在报告年度为开展 R&D 活动而进行建造、购置、安装、改建、扩建固定资产，以及进行设备技术改造和大修理等实际支出的费用。

政府资金 指调查单位 R&D 经费内部支出中来自各级政府部门的各类资金，包括财政科学技术拨款、科学基金、教育等部门事业费及政府部门预算外资金的实际支出。

企业资金 指调查单位 R&D 经费内部支出中来自本企业的自有资金和接受其他企业委托而获得的

经费，以及科研院所、高校等事业单位从企业获得的资金的实际支出。

R&D经费外部支出合计　指报告年度调查单位委托外单位或与外单位合作进行R&D活动而拨给对方的经费。

R&D项目（课题）　指调查单位在当年立项并开展研究工作、以前年份立项仍继续进行研究的研究开发项目或课题，包括当年完成和年内研究工作已告失败的研发项目或课题。

发表科技论文　指在学术刊物上以书面形式发表的最初的科学研究成果。应具备以下3个条件：①首次发表的研究成果；②作者的结论和试验能被同行重复并验证；③发表后科技界能引用。

形成国家或行业标准数　指报告年度调查单位在自主研发或自主知识产权基础上形成的国家或行业标准。形成国家或行业标准须经有关部门批准。

新产品　指采用新技术原理、新设计构思研制、生产的全新产品，或在结构、材质、工艺等某一方面比原有产品有明显改进，从而显著提高了产品性能或扩大了使用功能的产品。

R&D　即研究与试验发展的简称，指在科学技术领域，为增加知识总量及运用这些知识去创造新的应用而进行的系统的、创造性的活动，包括基础研究、应用研究、试验发展3类活动。

主营业务收入　指会计“利润表”中对应指标的本年累计数。未执行2001年《企业会计制度》的企业，用“产品销售收入”的本期累计数代替。

利润总额　指企业生产经营活动的最终成果，是企业在一定时期内实现的盈亏相抵后的利润总额（亏损以“–”号表示），它等于营业利润+补贴收入+投资收益+营业外净收入+以前年度损益调整。

创新　指本企业推出了新的或有重大改进的产品或工艺，或采用了新的组织管理方式或营销方法。此处的“新”是指它们对本企业而言必须是新的，但对于其他企业或整个市场而言不要求一定是新的。

产品创新　指企业推出了全新的或有重大改进的产品。产品创新的“新”要体现在产品的功能或特性上，包括技术规范、材料、组件、用户友好性等方面的重大改进；不包括产品仅有外观变化或其他微小改变的情况，也不包括直接转销。

工艺创新　指企业采用了全新的或有重大改进的生产方法、工艺设备或辅助性活动，其中辅助性活动是指企业的采购、物流、财务、信息化等活动。工艺创新的“新”要体现在技术、设备、软件或流程上；不包括单纯的组织管理方式的变化。

技术创新　产品创新和工艺创新统称为技术创新。

组织创新　指企业采取了此前从未使用过的全新的组织管理方式，主要涉及企业的经营模式、组织结构或外部关系等方面；不包括单纯的合并或收购。应是企业管理层战略决策的结果。

营销创新　指企业采用了此前从未使用过的全新的营销概念或营销策略，主要涉及产品设计或包装、产品推广、产品销售渠道、产品定价等方面；不包括季节性、周期性变化和其他常规的营销方式变化。

创新活动　指为实现创新而进行的科学、技术、组织、商业等各种活动的总称。具体包括开展了产品或工艺创新活动，或实现了组织或营销创新。

正在进行的产品或工艺创新活动　指正在进行、尚未完成预定目标任务的产品或工艺创新活动。

中止的产品或工艺创新活动　指由于各种原因中断、延期、放弃或失败的产品或工艺创新活动。

新颖度类别 指产品或工艺的新颖程度，按照从低到高依次分为无创新、本企业新、国内市场新、国际市场新。其中，无创新是指未推出新的产品或工艺，或原有的产品或工艺未发生重大改进；本企业新是指产品或工艺对于本企业而言是全新的或有重大改进的，但对于其他企业或整个市场而言并不是；国内市场新是指产品或工艺对于国内市场而言是全新的或有重大改进的，但对于国际市场而言并不是；国际市场新是指产品或工艺在世界范围内是全新的或有重大改进的。

内部研发 研发是研究与试验发展 (Research and Experimental Development, R&D) 的简称，指为增加知识存量(也包括有关人类、文化和社会的知识)及设计已有知识的新应用而进行的创造性、系统性工作，包括基础研究、应用研究和试验发展 3 种类型。国际上通常采用 R&D 活动的规模和强度指标反映一国的科技实力和核心竞争力。内部研发指本企业内部开展的研发活动。

外部研发 指企业委托其他单位或与其他单位合作开展的研发活动。

创新合作 指企业与其他企业或机构共同开展产品或工艺创新活动。创新合作要求企业必须是积极主动参与的，不包括纯外包项目，双方不一定要取得商业利益。

先发优势 指企业由于率先开发出某种产品或工艺创新，或率先进入某一个领域，从而获得领先其他企业的市场竞争优势。

专利 是专利权的简称，是对发明人的发明创造经审查合格后，由专利局依据专利法授予发明人和设计人对该项发明创造享有的专有权。包括发明、实用新型和外观设计。反映拥有自主知识产权的科技和设计成果情况。

发明专利 指对产品、方法或者其改进所提出的新的技术方案。是国际通行的反映拥有自主知识产权技术的核心指标。

有效发明专利数 指调查单位作为专利权人在报告年度拥有的、经国内外知识产权行政部门授权且在有效期内的发明专利件数。

期末有效发明专利数 指报告期末企业作为第一专利权人拥有的、经境内外知识产权行政部门授权且在有效期内的发明专利件数。这里不包括实用新型专利和外观设计专利。

实用新型专利 指对产品的形状、构造或者其结合所提出的适于实用的新的技术方案。

外观设计专利 指对产品的形状、图案或者其结合，以及色彩与形状、图案的结合所做出的富有美感并适于工业应用的新设计。

专利所有权转让及许可数 指报告年度调查单位向外单位转让专利所有权或允许专利技术由被许可单位使用的件数。

专利所有权转让及许可收入 指报告年度调查单位向外单位转让专利所有权或允许专利技术由被许可单位使用而得到的收入。包括当年从被转让方或被许可方得到的一次性付款和分期付款收入，以及利润分成、股息收入等。

科技活动经费内部支出 指报告年内用于科技活动的实际支出，包括劳务费、科研业务费、科研管理费，非基建投资构建的固定资产、科研基建支出及其他用于科技活动的支出。不包括生产性活动支出、归还贷款支出及转拨外单位支出。该指标反映了科技投入的实际完成情况。

工业总产值　指工业企业在报告期内生产的以货币形式表现的工业最终产品和提供工业劳务活动的总价值量。由本期生产成品价值、对外加工费收入、自制半成品在制品期末期初差额价值。

营业收入　指企业经营主要业务和其他业务所确认的收入总额。营业收入合计包括“主营业务收入”和“其他业务收入”。

技术收入　指企业全年用于技术转让、技术承包、技术咨询与服务、技术入股、中试产品收入及接受外单位委托的科研收入等。

产品销售收入　指企业全年销售全部产成品、自制半成品和提供劳务等所取得的收入。

商品销售收入　指企业销售以出售为目的而购入的非本企业生产产品的销售收入。

年末从业人员　指在报告期末，在企业中从事劳动并取得劳动报酬或经营收入的全部劳动力。

年末资产　指企业在报告年末拥有或控制的能以货币计量的经济资源，包括各种财产、债权和其他权利。资产按其流动性（即资产的变现能力和支付能力）划分为流动资产、长期投资、固定资产、无形资产、递延资产和其他资产。

年末负债　按会计报表的流动负债与长期负债之和填写。

科普专职人员　指在统计年度中，从事科普工作时间占其全部工作时间 60% 及以上的人员。包括各级国家机关和社会团体的科普管理工作者，科研院所和大中专院校中从事专业科普研究和创作的人员，专职科普作家，中小学专职科技辅导员，各类科普场馆的相关工作人员，科普类图书、期刊、报刊科技（普）专栏版的编辑，电台、电视台科普频道、栏目的编导，科普网站信息加工人员等。

科普兼职人员　指在非职业范围内从事科普工作，仅在某些科普活动中从事宣传、辅导、演讲等工作的人员，以及工作时间不能满足科普专职人员要求的从事科普工作的人员。包括进行科普讲座等科普活动的科技人员、中小学兼职科技辅导员、参与科普活动的志愿者、科技馆（站）的志愿者等。

注册科普志愿者　指按照一定程序在共青团、科协等组织或科普志愿者注册机构注册登记，自愿参加科普服务活动的志愿者。

科技馆　以科技馆、科学中心、科学宫等命名的以展示教育为主，传播、普及科学的科普场馆。

科学技术类博物馆　包括科技类博物馆、天文馆、水族馆、标本馆及设有自然科学部的综合博物馆等。

年度科普经费筹集额　指本单位内可专门用于科普工作管理、研究及开展科普活动等科普事业的各项收入之和。

年度科普经费使用额　指本单位内实际用于科普管理、研究及开展科普活动的全部实际支出。

科技活动周经费筹集额　指本年度科技活动周期间，本单位筹集的准备用于科技活动周的经费总额。

科普场馆基建支出　指本年度内实际用于科普场馆的基本建设资金。包括实际用于科普场馆的土建费（场馆修缮和新场馆建设）及添加科普展品和设施所产生的费用两个部分。

科普图书　指以非专业人员为阅读对象，以普及科学知识、倡导科学方法、传播科学思想、弘扬科学精神为目的，在新闻出版机构登记、有正式刊号的科技类图书。

科普期刊 指面向社会发行并在新闻出版机构登记、有正式刊号或有内部准印证的科普性刊物。

科普（技）音像制品 指以普及科学知识、倡导科学方法、传播科学思想、弘扬科学精神为目的，正式出版的音像制品。

科普（技）讲座 指各种面向社会的以普及科学知识、倡导科学方法、传播科学思想、弘扬科学精神为主要内容的科技讲座。由讲座的第一组织单位填写。例如，由几个单位联合举办，组织单位名单中排名第一的为第一组织者，其他几个组织单位不再统计本次活动，下同。

科普（技）展览 指围绕某个主题所进行的具有科普性质的展教活动，包括常设展览、临时展览和巡回展览；参观人次只统计参观专题展览的人次，而不是场馆的年度总参观人次。

科普（技）竞赛 指国家机关、社会团体及其他组织作为第一组织者开展的科技知识普及性竞赛。由竞赛的第一组织单位填写。

科普国际交流 指填表单位与其他国家及境外地区进行的有关科普接待和外派参加会议、访问、展览、培训等交流活动。

重大科普活动 指参加活动的人次在1000人次以上的科普活动。该项由活动的第一组织单位填写。

众创空间 指顺应新科技革命和产业变革新趋势，有效满足网络时代大众创新创业需求的新型创业服务平台。

附 录

附录 A　国家级企业技术中心（212 个）

附表 A-1　北京（94 个）

序号	名称	序号	名称
1	联想（北京）有限公司	28	北京东方雨虹防水技术股份有限公司
2	中国地质装备集团有限公司	29	中国华电科工集团有限公司
3	首钢集团有限公司	30	启明星辰信息技术集团股份有限公司
4	北京城建集团有限责任公司	31	汉王科技股份有限公司
5	北京燕京啤酒股份有限公司	32	北京神州泰岳软件股份有限公司
6	中国石油天然气集团有限公司	33	北京双鹭药业股份有限公司
7	中国电子信息产业集团有限公司	34	中铁十六局集团有限公司
8	同方股份有限公司	35	北京三元食品股份有限公司
9	中国铝业集团有限公司	36	国家核电技术有限公司
10	北京和利时系统工程有限公司	37	百度在线网络技术（北京）有限公司
11	北汽福田汽车股份有限公司	38	京东方科技集团股份有限公司
12	中国石油化工股份有限公司	39	新奥特（北京）视频技术有限公司
13	大唐电信科技股份有限公司	40	北京汽车股份有限公司
14	中国普天信息产业股份有限公司	41	北京资源亚太饲料科技有限公司
15	中国建材集团有限公司	42	北京建工集团有限责任公司
16	中牧实业股份有限公司	43	中国电子工程设计院有限公司
17	安泰科技股份有限公司	44	中国建筑科学研究院有限公司
18	北京大北农科技集团股份有限公司	45	中铁第五勘察设计院集团有限公司
19	用友网络科技股份有限公司	46	中煤北京煤矿机械有限责任公司
20	中国黄金集团有限公司	47	中铁十九局集团有限公司
21	中国建筑集团有限公司	48	中国京冶工程技术有限公司
22	中国电力建设股份有限公司	49	北京天地玛珂电液控制系统有限公司
23	北京金隅集团股份有限公司	50	北京中科科仪股份有限公司
24	北京四方继保自动化股份有限公司	51	北京神州绿盟信息安全科技股份有限公司
25	江河创建集团股份有限公司	52	北京大伟嘉生物技术股份有限公司
26	北京北一机床股份有限公司	53	中国路桥工程有限责任公司
27	有研半导体材料有限公司	54	北京当升材料科技股份有限公司

续表

序号	名称	序号	名称
55	中交一公局集团有限公司	75	北京精雕科技集团有限公司
56	航天长征化学工程股份有限公司	76	通号通信信息集团有限公司
57	北京星航机电装备有限公司	77	悦康药业集团股份有限公司
58	北京高能时代环境技术股份有限公司	78	北京全路通信信号研究设计院集团有限公司
59	北矿科技股份有限公司	79	北京航星机器制造有限公司
60	北京首航艾启威节能技术股份有限公司	80	北京泰德制药股份有限公司
61	中铁电气化局集团有限公司	81	博奥生物集团有限公司
62	中国石化工程建设有限公司	82	有研稀土新材料股份有限公司
63	中铁建设集团有限公司	83	中国铁建电气化局集团有限公司
64	北京锐安科技有限公司	84	恒天纤维集团有限公司
65	中交第三公路工程局有限公司	85	新兴际华集团有限公司
66	北京千方科技股份有限公司	86	经纬纺织机械股份有限公司
67	北京大豪科技股份有限公司	87	中国石油天然气股份有限公司
68	北京华宇软件股份有限公司	88	中国软件与技术服务股份有限公司
69	北京智芯微电子科技有限公司	89	同方威视技术股份有限公司
70	北京北方华创微电子装备有限公司	90	中国铝业股份有限公司
71	北京生泰尔科技股份有限公司	91	北新集团建材股份有限公司
72	北京万泰生物药业股份有限公司	92	通达耐火技术股份有限公司
73	中冶京诚工程技术有限公司	93	北京易华录信息技术股份有限公司
74	北京新能源汽车股份有限公司	94	三一重工股份有限公司

附表 A-2　天津（67 个）

序号	名称	序号	名称
1	科迈化工股份有限公司	7	天津泰达绿化集团有限公司
2	凯莱英医药集团（天津）股份有限公司	8	中国石油集团渤海石油装备制造有限公司
3	天津航天瑞莱科技有限公司	9	中国石油集团渤海钻探工程有限公司
4	天津立中集团股份有限公司	10	海洋石油工程股份有限公司
5	天津利安隆新材料股份有限公司	11	恒银金融科技股份有限公司
6	天津膜天膜科技股份有限公司	12	天津航空机电有限公司

续表

序号	名称	序号	名称
13	天津汽车模具股份有限公司	41	天津立林机械集团有限公司
14	天津瑞普生物技术股份有限公司	42	中铁十八局集团有限公司
15	天津市松正电动汽车技术股份有限公司	43	天津灯塔涂料有限公司
16	中国铁建大桥工程局集团有限公司	44	天津久日新材料股份有限公司
17	中交第一航务工程局有限公司	45	天津市中重科技工程有限公司
18	中交天津航道局有限公司	46	天津水泥工业设计研究院有限公司
19	中冶天工集团有限公司	47	天津天士力集团有限公司
20	曙光信息产业股份有限公司	48	天津银龙预应力材料股份有限公司
21	天地伟业技术有限公司	49	天津长荣科技集团股份有限公司
22	天津巴莫科技有限责任公司	50	中国天辰工程有限公司
23	天津凯发电气股份有限公司	51	天津红日药业股份有限公司
24	天津力神电池股份有限公司	52	天狮集团有限公司
25	天津赛象科技股份有限公司	53	天津国安盟固利新材料科技股份有限公司
26	天津药物研究院有限公司	54	天津冶金集团中兴盛达钢业有限公司
27	中材节能股份有限公司	55	天津市天锻压力机有限公司
28	中海油田服务股份有限公司	56	天津市天发重型水电设备制造有限公司
29	天津市市政工程设计研究院	57	天津光电通信技术有限公司
30	中国铁路设计集团有限公司	58	天津七一二通信广播股份有限公司
31	天津电气科学研究院有限公司	59	天津中环半导体股份有限公司
32	中国汽车工业工程有限公司	60	天津渤海化工集团有限责任公司
33	天津富士达集团有限公司	61	天津药业集团有限公司
34	天津钢管制造有限公司	62	天津中新药业集团股份有限公司
35	天津钢铁集团有限公司	63	天津海鸥表业集团有限公司
36	天津市金桥焊材集团股份有限公司	64	天津天纺投资控股有限公司
37	天津铁路信号有限责任公司	65	中法合营王朝葡萄酿酒有限公司
38	中国汽车技术研究中心有限公司	66	天津港（集团）有限公司
39	天津大桥焊材集团有限公司	67	天津港航工程有限公司
40	天津市捷威动力工业有限公司		

附表 A-3　河北（51 个）

序号	名称	序号	名称
1	际华三五零二职业装有限公司	27	河北华通线缆集团股份有限公司
2	河北建工集团有限责任公司	28	新奥集团股份有限公司
3	东旭集团有限公司	29	廊坊华日家具股份有限公司
4	河北诚信有限责任公司	30	中国乐凯集团有限公司
5	石家庄四药有限公司	31	风帆股份有限公司
6	河北威远生物化工有限公司	32	恒天纤维集团有限公司
7	石家庄诚志永华显示材料有限公司	33	巨力索具股份有限公司
8	石家庄以岭药业股份有限公司	34	保定天威保变电气股份有限公司
9	石药控股集团有限公司	35	长城汽车股份有限公司
10	石家庄科林电气股份有限公司	36	惠阳航空螺旋桨有限责任公司
11	中国人民解放军第五七二一工厂	37	英利集团有限公司
12	神威医药科技股份有限公司	38	凌云工业股份有限公司
13	华北制药集团有限责任公司	39	河北奥润顺达窗业有限公司
14	石家庄常山纺织股份有限公司	40	河北晨阳工贸集团有限公司
15	承德钢铁集团有限公司	41	河北建设集团股份有限公司
16	中国长城葡萄酒有限公司	42	河北新宝丰电缆有限公司
17	中煤张家口煤矿机械有限责任公司	43	中国化学工程第十三建设有限公司
18	中铁山桥集团有限公司	44	衡水橡胶股份有限公司
19	中信戴卡股份有限公司	45	中钢集团邢台机械轧辊有限公司
20	唐山三友集团有限公司	46	冀中能源集团有限责任公司
21	开滦（集团）有限责任公司	47	晶龙实业集团有限公司
22	唐山钢铁集团有限责任公司	48	新兴际华集团有限公司
23	河北迁西板栗集团有限公司	49	晨光生物科技集团股份有限公司
24	惠达卫浴股份有限公司	50	邯郸钢铁集团有限责任公司
25	唐山轨道客车有限责任公司	51	河北汉光重工有限责任公司
26	中信重工开诚智能装备有限公司		

附录B　国家级火炬计划平台（56个）

附表 B-1　北京（20个）

序号	名称	序　号	名称
1	北京大兴新媒体产业基地	11	北师大－中医药大学国家大学科技园
2	亦庄数字电视和数字内容产业集群	12	北京化工大学国家大学科技园
3	丰台轨道交通产业集群	13	北京科技大学国家大学科技园
4	北京软件产业基地	14	北京工业大学国家大学科技园
5	中关村软件园	15	中国人民大学文化科技园
6	清华大学国家大学科技园	16	中国农业大学国家大学科技园
7	北京大学国家大学科技园	17	华北电力大学国家大学科技园
8	北京航空航天大学国家大学科技园	18	中国矿业大学（北京）国家大学科技园
9	北京理工大学国家大学科技园	19	北京交通大学国家大学科技园
10	北京邮电大学国家大学科技园	20	北京林业大学国家大学科技园

附表 B-2　天津（15个）

序号	名称	序号	名称
1	国家火炬天津陈塘工程设计特色产业基地	9	国家火炬天津京津电子商务特色产业基地
2	国家火炬天津空港经济区现代纺织特色产业基地	10	天津高新区新能源创新型产业集群
3	国家火炬计划东丽节能装备特色产业基地	11	北辰高端装备制造创新型产业集群
4	国家火炬计划西青信息安全特色产业基地	12	天津基于国产自主可控的信息安全产业集群
5	国家火炬天津中北汽车特色产业基地	13	泰达高端医疗器械产业集群
6	国家火炬武清新金属材料特色产业基地	14	天津大学科技园
7	国家火炬天津京滨石油装备特色产业基地	15	国家软件出口基地
8	国家火炬武清汽车零部件特色产业基地		

附表 B-3　河北（21 个）

序号	名称	序号	名称
1	国家火炬唐山焊接特色产业基地	12	国家火炬衡水高新区工程橡胶特色产业基地
2	国家火炬唐山高新区机器人特色产业基地	13	国家火炬廊坊固安新型显示特色产业基地
3	国家火炬唐山陶瓷材料特色产业基地	14	河北软件产业基地（石家庄）
4	国家火炬邯郸新型功能材料特色产业基地	15	石家庄药用辅料创新型产业集群
5	国家火炬宁晋太阳能硅材料特色产业基地	16	邯郸现代装备制造创新型产业集群
6	国家火炬邢台沙河现代功能与艺术玻璃特色产业基地	17	邯郸新型功能材料产业集群
7	国家火炬保定安国现代中药特色产业基地	18	保定新能源与智能电网装备创新型产业集群
8	国家火炬保定新能源与能源设备特色产业基地	19	燕山大学国家大学科技园
9	国家火炬承德仪器仪表特色产业基地	20	河北工业大学国家大学科技园
10	国家火炬廊坊大数据特色产业基地	21	保定电谷大学科技园有限公司
11	国家火炬廊坊大城绝热节能材料特色产业基地		

附录 C　国家级科技企业孵化器（143 个）

附表 C-1　北京（64 个）

序号	名称	序号	名称
1	北京禾芫科技孵化器有限公司	28	北京京辰瑞达科技孵化中心
2	北京博奥联创科技孵化器有限公司	29	北京搜宝创展科技孵化器有限责任公司
3	北京宏福科技孵化器股份有限公司	30	北京北航天汇科技孵化器有限公司
4	北京乐邦乐成创业投资管理有限公司	31	北京中关村国际孵化器有限公司
5	北京华电天德科技园有限公司	32	北京中关村软件园孵化服务有限公司
6	北京北控高科技孵化器有限公司	33	北京中关村上地生物科技发展有限公司
7	北大医疗产业园科技有限公司	34	北京牡丹科技孵化器有限公司
8	北京高技术创业服务中心有限公司	35	创新工场（北京）企业管理股份有限公司
9	北京望京科技孵化服务有限公司	36	中关村意谷（北京）科技服务有限公司
10	北京瀚海博智科技孵化器有限公司	37	北京天亿弘方投资管理有限公司
11	北京牡丹创新科技孵化器有限公司	38	同方科技园有限公司
12	北京国投尚科信息技术有限公司	39	中关村科技园区海淀园创业服务中心
13	北京普天电子城科技孵化器有限公司	40	北京启迪创业孵化器有限公司
14	北京奥宇科技企业孵化器有限责任公司	41	北京科大方兴科技孵化器有限责任公司
15	北京正开科技有限公司	42	北京理工创新高科技孵化器有限公司
16	北京华商置业有限公司	43	北京中关村生命科学园生物医药科技孵化有限公司
17	北京汉潮大成科技孵化器有限公司	44	北京京仪科技孵化器有限公司
18	北京东方嘉诚文化产业发展有限公司	45	北京北达燕园科技孵化器有限公司
19	北京东创空间文化产业发展有限公司	46	北京人大文化科技企业孵化器有限公司
20	北京赛欧科园科技孵化中心有限公司	47	北京厚德科创科技孵化器有限公司
21	北京九州通科技孵化器有限公司	48	北京交大科技孵化器有限公司
22	贝壳菁汇科技集团有限公司	49	北京中关村京蒙高科企业孵化器有限责任公司
23	北京斯坦福科技孵化器有限公司	50	博雅燕园科技企业孵化（北京）有限公司
24	京卫惟科生物科技孵化（北京）有限公司	51	北京赢家伟业科技孵化器股份有限公司
25	北京首科创融科技孵化器有限公司	52	北京云基地云计算科技发展有限公司
26	中关村科技园区丰台园科技创业服务中心	53	大唐创新港投资（北京）有限公司
27	北京瀚海润泽科技孵化器有限公司	54	北京东升科技企业加速器有限公司

续表

序号	名称	序号	名称
55	汇龙森国际企业孵化（北京）有限公司	60	北京创业公社投资发展有限公司
56	汇龙森欧洲科技（北京）有限公司	61	北京华海基业科技孵化器有限公司
57	北京亦庄国际生物医药投资管理有限公司	62	北京康华伟业孵化器有限责任公司
58	北京嘉捷美锦科技发展有限公司	63	北京京仪融科科技孵化器有限公司
59	锋创科技发展（北京）有限公司	64	北京普天德胜科技孵化器有限公司

附表 C-2　天津（36 个）

序号	名称	序号	名称
1	天津滨海高新技术产业开发区国际创业中心	19	天津市科技创新发展中心
2	天津海泰企业孵化服务有限公司	20	天津普天创达企业孵化器有限公司
3	天津火炬鑫茂创业服务有限公司	21	天津意库创意企业管理服务有限公司
4	天津华科企业孵化服务有限公司	22	天津青年创业园管理有限公司
5	天津华苑软件园建设发展有限公司	23	天津科丽泰科技企业孵化器有限公司
6	天津普天企业孵化服务有限公司	24	中航大（天津）科技园有限公司
7	天津泰达国际创业中心	25	清控科创（天津）科技园管理有限公司
8	天津国际生物医药联合研究院有限公司	26	天津新华产业科技孵化器有限公司
9	天津泰达中小企业园建设有限公司	27	执信（天津）科技企业孵化器有限公司
10	天津生态城产业园运营管理有限公司	28	天津凌奥创意科技企业孵化器有限公司
11	天津生机企业孵化器有限公司	29	天津市赛达启航科技企业孵化器有限公司
12	天津华鼎孵化器运营管理有限公司	30	天津辰寰星谷企业孵化器有限公司
13	天津智慧山企业孵化器有限公司	31	天津新华河工科技企业孵化器有限公司
14	天津航空产业开发有限公司	32	天津京滨科技企业孵化器有限公司
15	天津滨海服务外包产业有限公司	33	天津可信科技企业孵化器有限公司
16	天津市帅超科技园有限公司	34	天津光彩圣火科技企业孵化器有限公司
17	天津恩华企业孵化器有限公司	35	天津市武清区兴科百纳有限公司
18	天津鑫恩华园区管理有限公司	36	天津天保科技服务有限公司

附表 C-3　河北（43 个）

序号	名称	序号	名称
1	河北军鼎产业园运营有限公司	23	涉县开发区创业服务中心
2	石家庄北大中电科技园管理有限公司	24	河北方大科技园管理服务有限公司
3	石家庄鹿岛创业孵化器有限公司	25	保定支点创业服务有限公司
4	石家庄市科技创新服务中心	26	保定电谷大学科技园有限公司
5	河北创业基地投资管理有限公司	27	保定高新技术创业服务中心
6	河北方大科技股份有限公司	28	保定同方智慧园区运营有限公司
7	石家庄高新技术产业开发区创业服务中心	29	保定中关村信息谷科技服务有限责任公司
8	方亿科技企业孵化器有限公司	30	涿鹿科技园孵化器有限公司
9	石家庄日中天科技企业孵化器有限公司	31	张家口博创智造孵化器有限公司
10	石家庄天山科技工业园运营服务有限公司	32	张家口西山联创科技企业孵化器有限公司
11	河北智同医药控股集团投资咨询有限公司	33	张家口市金达开元科技企业孵化器有限责任公司
12	唐山宝升昌全球创客孵化器有限公司	34	张家口般若海科技服务有限公司
13	唐山高新技术创业中心	35	承德市高新技术产业开发区创业服务中心
14	唐山百川创新科技服务有限公司	36	沧州市科技创业中心
15	秦皇岛市育兴高新技术创业有限公司	37	廊坊科技企业孵化器有限公司
16	秦皇岛开发区泰盛孵化器有限公司	38	廊坊市宏泰科技成果孵化服务有限公司
17	北岛博智（秦皇岛）科技股份有限公司	39	华夏幸福（固安）产业港投资有限公司
18	秦皇岛意谷科技孵化器有限公司	40	兴远高科（三河）孵化器有限公司
19	秦皇岛燕大产业集团有限公司	41	三河燕郊新技术创业服务中心
20	邯郸高新技术创业服务中心	42	衡水高新技术产业开发区创业服务中心
21	邯郸市科苑企业孵化器有限公司	43	天津河北工业大学科技园发展有限公司
22	邯郸高科园区发展股份有限公司		